"여기서 어느 길로 가야 하는지 알려줄래?"

"그건 어딜 가고 싶은지에 따라 달라지는데~". 체셔 고양이가 말했다.

"어딜 가고 싶은지는... 아직 생각해보지 않았는데." 앨리스가 말했다.

"그럼 어느 길로 가든 상관없네, 뭐."

– 이상한 나라의 앨리스 중에서

준비된
아빠는
교육이
남다르다

인성을 키우는 아빠교육

준비된 아빠는 교육이 남다르다

펴낸날 2018년 1월 30일 1판 1쇄

지은이 김 승

펴낸이 김영선
교정·교열 이교숙
경영지원 최은정
디자인 윤영옥
마케팅 PAGE ONE 강용구
홍보 김범식

펴낸곳 (주)다빈치하우스-미디어숲
주소 경기도 고양시 일산서구 고양대로632번길 60, 405호
전화 (02)323-7234
팩스 (02)323-0253
홈페이지 wwwmfbook.co.kr
이메일 dhhard@naver.com (원고투고)
출판등록번호 제 2-2767호

값 15,800원
ISBN 979-11-5874-031-3 (03590)

이 도서의 국립중앙도서관 출판예정도서목록(CIP)은 서지정보유통지원시스템 홈페이지(http://seoji.nl.go.kr)와 국가자료공동목록시스템(http://www.nl.go.kr/kolisnet)에서 이용하실 수 있습니다.(CIP제어번호: CIP2017034907)

인성을 키우는
아빠교육

준비된 아빠는 교육이 남다르다

| 김 승 지음 |

미디어숲

CONTENTS

2부 자녀 인재상 : "어떤 사람으로 키우고 싶은가"

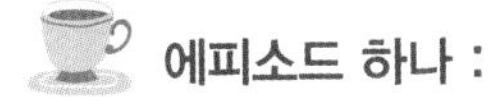

에피소드 하나 :
언제부터인가 '섬' 이 된 아버지

그래도 예전에는

딸과 함께 깔깔거리며 잘 웃었다. 자녀의 말이면 무슨 얘기든 귀 기울여 들었다. 그런데 언제부터인가 아이들이 아버지에게 건네는 말이 눈에 띄게 줄었다. 그리고… 충격적인 '그날' 이후로 아버지의 말수도 줄었다. 딸에게 들은 말 때문이었다.

"밥 먹으면서 공부 얘기, 성적 얘기하는 게 정말 부담스럽고 숨 막혀요."

알고 보니

주제가 달랐다. 엄마와의 대화는 '일상적인 이야기와 감성적인 느낌'을 나눌 수 있는 소소한 이야기들인 반면, 아버지와의 대화는 주로 '공부'다. 6학년부터 고등학교 1학년까지의 자녀들과 아버지와의 대화 주제 1위는 '공부와 학업'이라는 설문조사가 나왔다.

솔직히 말하자면

아이들은 실제로 학업과 진로고민을 가장 많이 한다. 즉 아버지가 대화하고 싶은 주제가 바로 자녀들의 고민 1순위가 맞긴 맞다. 청소년정책연구원, 직업능력개발원의 통계에 근거하면, 지난 20여 년 동안 청소년 고민 순위에서 부동의 1위는 성적과 학업 주제이다. 아버지의 주제선정 그 자체는 탁월했다. 도대체 뭐가 문제였을까?

그렇다면 혹시

문제는 대화의 주제가 아니라, 아버지라는 '대상' 때문이었던 것일까? 자녀들이 자발적으로 자신의 고민을 털어놓는 대상을 살펴보았다. 퍼센트로 표현하자면, 전체를 100명이라고 가정했을 때 50여 명은 자신의 이런 성적과 진로 고민을 친구와 이야기한다. 엄마와 상의하는 자녀가 20여 명. 형제자매, 그리고 선후배와 고민을 나누는 아이들이 7명. 성적에 대한 이런 고민을 아버지와 상의하는 자녀는 고작 3명 정도였다. 아버지와 상의할 바에는 차라리 '혼자 해결하겠다'는 아이들도 20여 명이나 되었다.

도대체 어디서부터

잘못된 것일까? 왜 자녀들은 고민을 나눌 소통의 대상으로 아버지를 선택하지 않는 것일까? 아버지들은 억울할 따름이다. 자녀들을 얼마나 사랑하는지 알면서 어떻게 자신들에게 이렇게 박할 수 있을까? 눈물이 나올 지경이다. 그런데 아버지들은 한 가지를 잊고 있었다. 대화는 상대방이 중요하다. 아버지는 대화 주제를 정하고, 하고 싶은 이야기를 다 하되, '모두 사랑하기 때문이야', '다 널 위한 거야'라고 스스로 위안으로 삼을 뿐이다. 하지만 이 모든 것은 혼자만의 '독백'이었다.

대화와 소통을 얼마나 잘하는지 대상별로 점수를 측정해 보았다고 한다. 아버지는 대화를 '잘한다'는 응답에 최하위(12%)였다. 그리고 '도무지 경청하지 않는다'는 응답에는 최고점수(50%)로 1위를 하였다.

답은 나왔다. "아버지는 자녀의 이야기를 잘 듣지 않는다."

굳이 변명하자면

바빴다. 아버지는 정말 바빴다. 이런저런 소통의 방법을 배울 기회도 없었다. 나를 돌아볼 겨를도 없었다. 그래도 이 모든 것은 '가족을 위해서'였다. 이제 와서 돌이켜보니 '악순환'이었다. 소통의 방법을 배울 기회도 없었고, 유일한 이유는 바빴기 때문이다. 그러다 보니 점점 소통능력은 떨어지고 결국 자기 이야기만 하는 고집불통이 되어버렸다. 이것이 쳇바퀴처럼 돌기 시작하더니 꽤 오랜 시간을 집어삼켰다.

결국, 아버지는

하나의 '섬'으로 굳어버렸다. 아내도 아이들도 아버지와 대화가 줄어들었다. 그 순간 아버지의 뇌리에는 한 가지 잔상이 스쳐 지나간다. 자신이 어린 시절 봤던 아버지의 모습이다. 권위적이고 일방적인 언어로 무장한 아버지다. 자신은 절대 그런 아버지가 되지 않을 거라고 이를 악물고 다짐했던 소년이 지금 다시 그 아버지와 닮아가고 있다. 어쩌면 이제 와서 드는 생각은, 그때 아버지의 과묵함이 지금 나처럼 '타이밍을 놓쳐서 끼어들지 못하는 상황이 아니었을까?'라는 생각이 든다.

청소년들이 아버지와 대화하는 빈도수를 설문한 자료를 보니, 대상을 100명으로 가정했을 때 26명 정도의 자녀는 일주일에 3회 이상, 34명은 1~2회, 그리고 40명은 아버지와 전혀 대화가 없다고 답했다.

억울해서라도

노력하기로 했다. 시간을 내어 가족과 함께 식탁에 앉았다. 서툴지만 하나씩 배워보면서 소통의 물꼬를 트기로 했다. 그런데 이런 용기가 무색하게도, 일찍 들어가서 '밥 먹자'고 하니 표정들이 밝지가 않다. 토요일에는 함께 외식이나 하자고 했다. 어디라도 함께 나가자고 했더니 여전히 표정이 '쌩'하다. 그래도 결심을 했으니, 밥상에 마주 앉았다. 그런데 이게 웬일인가. 어디서부터 무엇을 시작해야 할지 모르겠다. 경청하기로 작정했는데, 말을 해야 경청을 할 것 아닌가. 자녀는 모두 스마트폰만 쳐다보고 있다.

더 당황스러운 것은

자녀와의 힘겨운 대화를 시도했지만, 상당수 말을 '아예' 못 알아듣겠다. 전혀 예상하지 못한 상황이다. 카톡이라도 함께 하려 시도하고, 밥상머리에서라도 일부러 애써 대화를 시도하는데, 아이들의 말이 전반적으로 짧다. 그리고 단어와 구절, 문맥 등 이상하게 음성은 들리는데 의미를 모르겠다. 상황이 이렇다 보니, 사태가 얼마나 심각한지 한번 아버지들에게 물어보았다. 82%는 청소년 언어를 '절반 정도' 이해하는 데에도 어려움을 느낀다는 것이다. 더욱이 말로 하는 대화보다 SNS 대화를 선호하는 문화로 인해 가족 내의 대화에 어려움이 많다고 했다.

에피소드 둘 : 그래도 아버지이다

죽기 전에 꼭

해보고 싶은 당신의 꿈은 무엇인가? 학생들에게 주어진 질문이다. 유튜브에 올라온 이 영상은, '청소년의 꿈을 스케치하다'라는 주제로 한 예술고등학교에 찾아가 의식조사를 진행하고 이를 실제 촬영한 것이다. 학생들이 생각하는 꿈은 무엇일까? 현장 설문조사에서 나온 답변이 흥미로웠다. 약간의 장난스러움도 엿보인다.

"학교 운동장에 농사짓기"

"만수르와 결혼하기"

"아이돌 가수 데뷔하기"

"먹고 싶은 치킨 마음껏 먹기"

"세계 일주 떠나기"

교사는 학생들에게 두 번째 질문을 던진다.

"앞으로 살 수 있는 날이 1년밖에 안 남았다면, 너희들의 '꿈'을 이루는 것과 '5억 원' 중 무엇을 선택하겠니?"

학생들의 답변이 여기저기서 바로 나온다. 내용은 비슷비슷하다.

"꿈이요!"

"당연히 꿈을 선택할 거예요."

그 이유를 물어보았다.

"제 이름을 세상에 알리고 죽는 게 의미 있다고 생각해요."

"꿈을 이루어서 5억보다 더 많은 돈을 벌면 돼요."

"1년밖에 안 남았는데 끝까지 해야죠."

"꿈은 5억보다 더 큰 가치가 있다고 생각해요."

갑자기 불이 꺼지고

분위기가 바뀐다. 학생들의 답변이 끝나자, 교실의 불이 꺼지고 교실 앞쪽 스크린이 켜지면서 인터뷰 영상이 나타난다. '죽기 전에 꼭 해보고 싶은 당신의 꿈은 무엇인가요?'라는 자막이 보인다. 이후 실제 학생들의 아버지들이 차례로 등장한다. 사전에 촬영한 인터뷰 장면이다. 자신의 아버지를 화면으로 보는 '왠지 모를' 낯섦이 학생들의 얼굴에 나타난다. 꿈을 물어보는 질문에 아버지들은 자신의 꿈을 말한다.

"온 식구가 행복하게 살고 싶어요."

"아들이랑 둘이 배낭여행 가고 싶어요."

"고향에 내려가서 사랑하는 가족과 함께 살고 싶어요."

몇몇 학생들이 자신의 아버지 인터뷰를 보면서 울기 시작한다. 잠시 후 자막이 나온다. 두 번째 인터뷰 질문이다. 학생들에게 했던 두 번째 질문과 같은 내용이다.

"앞으로 살 수 있는 날이 1년밖에 남지 않았다면 자신의 꿈과 5억 원 중에 무엇을 선택할 것인가요?"

"5억을 선택하여 가족에게 주겠습니다."

"당연히 가족을 위해 5억을 선택하겠죠."

"가족이 제일 중요하더라고요. 5억을 선택하겠습니다."

"5억을 선택하면 남겨진 가족에게는 도움이 될 수 있으니까… 제가 하고 싶은 일은 포기할 수 있어요. 저뿐 아니라 모든 부모가 같은 생각일 겁니다."

자신들의 아버지가 하는 인터뷰를 들으며 아이들은 하나둘 흐느끼기 시작한다. 마지막으로 등장한 아버지의 표정과 말투가 인상적이다. 자녀를 사랑하는 우리 아버지의 모습을 대표하는 표정이 아닐까 싶다. 인자하면서도 슬픈 눈, 주름진 눈가. 따뜻한 미소를 짓는 그 아버지는 마치 가슴 깊은 곳에서 끌어올린 '숨'을 내뱉고 있는 듯한 느낌으로 천천히 말한다.

"제가 하고 싶은 것을 포기하고 5억 원을 선택하느냐의 문제이군요…. 지금 같으면, 5억을 선택하겠습니다. 제가 앞으로 일을 더 한다고 해서 5억을 벌어 자녀에게 보탬이 될 수 있을까요? … 저는 아버지이고 … 가장이니까요."

 에피소드 셋 :

새로운 아버지세대가 등장하다

"우리 아버지한테 이른다!"

으름장을 놓던 때가 있었다. 아버지는 정말 무서운 존재였다. 친구끼리 싸우다가 "우리 아버지한테 이를 거야!"라고 한 꼬마가 외치면 분위기는 사뭇 심각해진다. 그러면 상대방 꼬마도 "우리 아버지가 더 무서워!"라고 응수한다.

그런데 요즘 아이들은 친구들과의 싸움에서 이런 말을 사용하지 않는다. 왜냐하면, 아버지가 무섭지 않기 때문이다. 더 정확히 말하면, 아버지를 무섭다고 생각하지 않는다. 소셜미디어를 중심으로 올라온 빅데이터를 분석한 기사를 보니 무섭다는 말의 연관단어 1위는 '엄마'였다. 아버지는 몇 위일까? 친구, 영화, 여자, 오빠, 귀신, 언니에게도 밀려 아버지는 '무섭다'의 연관단어 순위 11위였다.

더 자세히 기사를 보니

요즘 신세대 아버지와 연관되는 단어들은 '다정하다', '그립다', '친구 같다' 등이다. 이런 단어들은 엄마의 연관단어에는 좀처럼 등장하지 않는다. 빅데이터를 통해 연관단어를 살펴보니 아버지는 거의 만능처럼 보인다. 그 단어들을 연결해서 표현해보니, 아버지는 '운전하고', '출장가고', '돈 벌고', '자전거 타고', '외식하는', '멋지고', '자상한' 사람이다. 그리고 이러한 아버지 연관단어는 엄마의 연관어 500위 안에도 모습을 보이지 않는다고 한다.

기사를 계속 읽어보니 요즘은 '아버지들이 많이 변하고 있구나' 하는 생각과 동시에 '빠른 변화 속에서 그만큼 또한 힘들겠구나'라는 생각이 들었다.

새롭게 등장한 아버지들은

사랑스러운 존재이다. 빅데이터에 분석한 중앙일보 기사를 보니 아버지 쪽에 많이 등장하는 단어는 '희망'과 '기대'이다. 과거의 '엄숙하고 고단한' 아버지보다는 '사랑스럽고 희망적인' 아버지 이미지가 등장한 것이다. 아버지에 대한 관심과 호감도가 늘어나는 추세라고 한다. 빅데이터에 등장하는 '아버지'라는 단어의 언급 횟수가 늘었다. 아버지에 대한 호감도는 2012년 62%에서 2014년 69%로 늘어났다. 이는 '어머니'에 대한 긍정 감성 64%보다 높은 수치이다.

이제 아버지를 떠올리면

어떤 다른 인물이 연상될까? 2008년만 해도 '아버지' 연관인물 1위는 '오바마'였다. 10위권 내에는 나폴레옹, 세종대왕 등이 포함되어 있었다. 2014년 조사에서 '아버지' 연관인물 10위권 내에는 황정민, 추성

훈, 이휘재 등이 포함되었다. 그러고 보니 방송 예능에 등장한 아버지들의 이미지가 빅데이터에 고스란히 담겨 있지 않았나 하는 생각이 든다. 아이들과 함께 뒹굴고, 허당 모습을 보여주며, 캠핑을 가서 바비큐를 굽고 텐트에서 그림자놀이를 하는 모습은 마치 한편의 광고를 보는 듯하다. 이런 모습을 극히 일부라고 모른 척하기에는 다소 어려운 구석이 있다. 광고처럼 사는 젊은 아버지들이 예전보다는 심심치 않게 눈에 띄기 때문이다.

그럼 좋은 세상이 온 것인가?

꼭 그런 것만은 아닐 수 있다. 과도기이기 때문이다. 5060세대의 아버지들과 3040세대의 아버지들이 공존하고 있다. 권위적인 아버지의 모습과 친구 같은 아버지가 공존하고 있다. 어쩌면 전통적인 아버지들에게는 최근의 다정한 아버지 콘셉트가 스트레스로 다가오기도 할 것이다. 가정적이고 다정하며 만능 슈퍼맨처럼 하기가 그리 쉬운 일은 아니기 때문이다.

그렇다고 신세대 아버지들도 마냥 탄탄대로는 아니다. 처음부터 만능 아버지의 모습으로 자리매김을 하였다면, 그 수준을 유지하는 것이 여간 어려운 것이 아니다. 요구 수준은 더 높아지는데, 가정에서의 몰입만큼이나 회사에서의 퍼포먼스를 균형적으로 유지하기가 버거운 것이다. 그래서 오히려 속앓이를 하게 된다. 이래저래 아버지들은 생각이 많은 시대이다.

우리는 완벽하지 않기에

뭔가 방법을 찾아보고, 찾은 방법을 경험해 본 뒤 얻은 몇 가지를 나누고자 한다. 이 책이 '마법의 키'는 될 수 없다. '소아병동 119'처럼 양육 백과사전 역할도 아니니다. 하지만 적어도 초등과 중고등 청소년 자녀를 둔 아버지들에게 '희망'의 돌파구 정도는 보여주고 싶다.

어떻게 그것이 가능할까? 초점을 명확히 하고 최선을 다해 그것을 풀어볼 생각이다. 초점을 명확히 한다는 것은, 초점 이외의 것은 과감하게 내려놓겠다는 말이다. 이 책은 지금보다 더 완벽한 슈퍼 대디(Super Daddy)가 되는 방법론을 제시하지는 않을 것이다. 엄마의 정보력을 능가하는 입시정보와 교육트렌드를 아버지들에게 심어주어 완전무장을 도울 생각도 없다. 일관되게 초점에만 몰입할 것이다. 자녀를 다음 세대의 인재로 키우기 위한 아버지의 두 가지 역할에 집중할 것이다.

'인재상과 인성교육'이다. 이 두 가지는 본질적으로 연결되어 있다. 인재상은 "자녀를 어떤 사람으로 키울 것인가"에 대한 답변이다. 인재상을 물어보면 "배려심 깊은 아이" 또는 "행복한 아이" 등의 답변이 나오는데 이때 주로 사용되는 단어들이 배려, 행복, 감사, 헌신 등의 인성 항목들이다. 따라서 자연스럽게 인재상과 인성교육은 내용적으로 연결된다.

그리고 이 두 가지는 이 시대 인재의 핵심기준임에 틀림이 없다. 심지어는 인재선발의 핵심기준이다. 따라서 이 두 가지에 집중함으로써, 아버지를 중심으로 가정의 기초가 세워지고, 아버지는 주변의 분위기와 미디어가 만들어준 이미지를 좇는 것이 아니라, 진정 존경받는 가정의 리더로 거듭나게 될 것이다.

프롤로그
파더라이즈 :
아버지 됨을 다시 일으켜, 자녀교육의 기초를 세우다

과거 어느 한 시대, 통신사 광고 중 '알파라이즈[Alpha-rise]'라는 단어가 유행했다. 두 가지의 다른 것이 만나 새로운 것이 창조된다는 의미이다. 당시 광고에 소개된 내용은 '돌+다윗=무기', '돌+시간=보석', '돌+우주=별' 그리고 '돌+규칙=바둑' 등이었다. 앞에 '돌'은 투박하고 흔한 사물이다. 뒤에 붙은 다윗, 시간, 우주, 규칙 등은 그 자체 의미가 독립적이다. 그런데 이 두 단어가 합쳐지니 보석, 별, 바둑 등의 세련된 가치가 나왔다. 알파라이즈는 단어를 조합하여 새로운 의미를 만든 것이었다. 새로운 것을 창조해내는 융합의 방법을 표현한 광고였다. 필자는 이러한 결합의 방식과 규칙에 주목하기보다는 '라이즈(Rise)'라는 단어를 붙여 새로운 조합을 만든 느낌이 산뜻하게 다가왔다. 그래서 '쿨'하게 하나 만들어보았다.

"파더라이즈 : Fatherise"

몇 년 전, 한 기관의 어머니 학교 강의를 마치면서 어머니들의 요청으로 아버지 학교 강의를 하였다. 강의제목을 고민하다가 '파더라이즈[Fatherise]'라고 정했는데, 막상 정하고 보니 너무 마음에 들었다. 퇴근 후, 강연장에 넥타이도 풀지 않고 충혈된 눈으로 앉아 있는 아버지들은 이미 그 참석 자체가 그들의 클래스를 말해주고 있었다. 강의하기보다는 질문을 받고, 경청한 뒤에 다양한 가능성에 대해서 함께 토론하고 결론을 만드는 방식으로 진행하였다. 당시 강의를 들으면서 눈물을 글썽이는 아버지를 처음 보았는데, 알고 보니 강의가 감동적이어서가 아니라 '남편'으로 '아버지'로 살아가는 것이 너무 버겁고 힘에 겹다는 공감을 하다가 눈물을 흘린 것이었다.

정보가 넘치는 시대에 자녀들은 넘치는 동기부여교육으로 '비전 과잉'에 빠지고, 엄마들은 넘치는 엄마교육으로 '교육 과잉'에 빠져 있지만, 정작 아버지들은 '결핍 과잉'에 내몰리고 있다. 나 자신도 아버지이기에 더욱 아프고 무거운 책임감으로 다가왔다. 이 책은 그런 아버지들과 나 자신을 위해 쓴 것이라 할 수 있겠다.

파더라이즈의 의미를 명확하게 하려고 '파더[Father]' 뒤에 붙은 '라이즈[rise]'의 사전적 정의를 찾아보았다. 그런데 사전의 내용을 천천히 살피면서 심장이 두근거리기 시작했다. 각각의 의미가 단 하나도 남김없이 눈에 들어왔다. 각 의미가 사전에서 튀어나와, 바로 지금 내 삶을 어루만지고 위로하는 언어들로 살아나기 시작했다.

(높은 위치와 수준 등으로) 올라가다 / (누워·앉아·무릎 꿇고 있다가) 일어나다 / (더 나은 수준으로) 오르다 / (불의에 반대하여) 일어서다 / (죽은 사람이) 소생하다….

사전에 있는 글자들이 하나씩 눈앞에 펼쳐졌다. 여기에 파더(father)라는 존재를 붙이니 새로운 의미로 다가왔다. 라이즈(rise)라는 단어가 파더(father)에 붙으니 창조적인 의미들이 샘물처럼 솟아났다. 내 방식대로 파더라이즈(Fatherise)라는 단어의 뜻을 조합해보았다.

아버지의 아름다운 권위를 회복하여 올라서다,

바닥까지 내려갔으나 다시 일어서다,

희망의 해가 떠오르다,

말라버린 아버지의 감성이 벅차오르다,

세상의 논리와 관성에 대해 '구별'을 선언하다,

비전을 보기 시작하다,

'아버지의 이름으로' 다시 태어나다

…

파더라이즈는 바로 이런 의미이다. 이 모든 의미를 하나로 단순화시킨다면 '아버지 됨'이다.

"아버지 됨"

파더라이즈는 '아버지 됨'에 관한 내용이다. 안타깝게도 이 책은 '자녀를 잘 키워 좋은 대학에 보낸 성공 수기'를 기대하는 독자들에게는 지극히 실망스러운 책일 것이다. 어떻게 키우는 것이 잘 키우는 것인가에 대해 질문하고, 이에 대해 한창 청소년을 키우고 있는 이 시대 아버지들의 고군분투에 가까운 책이다. 이 책은 필자의 다양한 가정교육과 과정적 실험을 담고 있다. 책을 통해 기대하는 것은 오직 하나! 아버지들의 마음에 회복의 불을 지피는 일을 하고자 한다.

부끄럽지만 책의 시작 즈음에 한 사람에게 고백할 것이 있다. 이 책이, 필자의 가정교육에 대한 경험과 신념을 담은 것이기에, 그것이 가능할 수 있도록 기회를 주고 기다려준 사람에게 감사를 전하고 싶다. 여전히 무르익지 못한 나를 변함없이 지지해주는 한 사람에게 꼭 하고 싶은 말이 있어 지면에 새겨본다.

"Thanks to my wife"

제1부

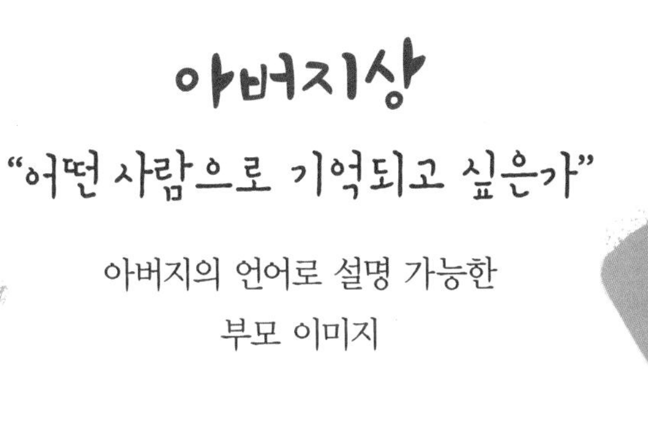

아버지상

"어떤 사람으로 기억되고 싶은가"

아버지의 언어로 설명 가능한
부모 이미지

삶으로 인생으로 설명하는 아버지의 자기소개서

아버지는 왜 사세요? 인생의 목적이 무엇이냐고요?
아버지는 어떤 꿈과 비전이 있어요? 뭐 직업적, 사회적으로 이루고 싶은 거요.
아버지는 언제 제일 행복해요? 아버지가 나름대로 행복을 정의한다면?
아버지는 성공했나요, 성공하고 싶나요, 아버지가 생각하는 성공은 무엇이에요?
아버지는 솔직히 지금 직업이 마음에 드세요?
아버지는 왜 돈을 벌어요? 돈을 벌어서 무엇을 하고 싶어요?
아버지는 저에게 무엇을 남겨주고 싶으세요?
아버지는 세상이 아버지를 어떤 사람으로 기억하기를 원하세요?

… 그리고
아버지는… 음… 제가 어떤 사람이 되면 좋겠어요?

이런 자격증 없을까

남편 자격증 1급, 아버지 자격증 2급, 부모 허가증… 뭐 이런 거 어디에 없을까? 잊을 만하면 여권을 찾아 나서는 것처럼, 꼭 필요할 때 그게 없으면 그다음을 진행할 수 없는 자격증 말이다. 결혼하려면 주민센터에 아버지 자격증으로 신고해야 한다거나, 결혼한 뒤에는 반드시 거실 중앙 벽면 위에서 30cm 아래에, 액자에 넣은 가장 자격증이 있어야 하는, 뭐 그런 것 말이다.

2011년 셋째 아이를 낳은 뒤, 주민센터에 출생신고를 하러 갔다가 출산장려금과 쌀 케이크를 받았다. 이런 쑥스럽고 유치한 발걸음도 하는데, 간 김에 서류심사를 거쳐 아버지 자격증 2급에서 1급으로 승급시켜주는 상상도 해본다. 결론을 말하자면, 그런 자격증은 세상에 없다. 만약 정말 있다면, 나는 지금 무자격자로 몰래 세 아이를 키우고 있는지도 모른다.

우리는 아버지가 되기 위한 정식교육을 받은 적이 없다. 수료증도 없다.

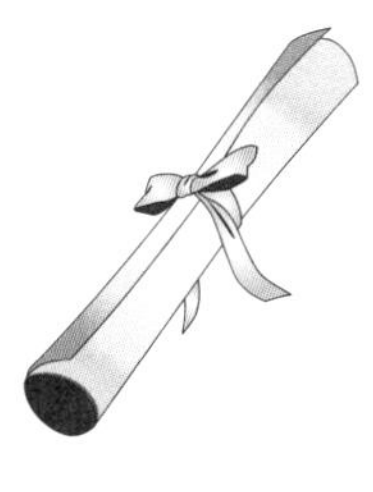

이수해야 할 과목도 없다. 그래서 서투르다. 준비되지 않은 상태로 살다가 문득 깨닫게 되는 순간 이미 시간이 꽤 많이 흘러 있다. 자신의 시행착오로 충분히 챙기지 못한 세월 동안 아이는 이미 성장했고, 자신은 늙어 있다.

혹독한 대가를 치르고 나서야 움직이기 시작했다. 아버지 학교가 생기기 시작했다. 온라인, 오프라인, 지자체 그리고 종교기관에서 아버지를 위한 교육을 시작했다. 배우는 과목은 크게 다섯 가지로 요약된다. 아버지의 현실 인식, 남편으로 해야 할 역할과 대화법, 부모로서의 자녀와 관계 형성과 대화법, 자녀를 양육하는 코칭법, 마지막으로 가장으로 해야 할 역할이다.

충분히 좋은 구성이다. 이 정도의 교육이라면, 현직 아버지들을 대상으로 하기 이전에 결혼을 앞둔 예비신랑들이 들어야 하지 않을까 싶을 정도로 마음에 든다. 그러나 욕심이 과했나. 현실은 정반대이다. 예비신랑은커녕 현직 아버지들도 '아버지 학교' 이런 교육을 '돈까지 내면서' 배울 여력은 없다. 모르는 소리 말라고 반론을 펴는 이들도 있다. 많은 사람이 온라인 아버지 학교 수강을 하고 있다. 또 두란노 등 종교기관에서 진행하는 아버지 학교는 이미 유구한 역사를 구축하고 있다는 것이다. 정말 그렇다면 감사한 일이다.

그런데 한 가지 드는 생각이 있다. 누구나 공감할 만한 이야기다. 10여 년 동안 나는 학교현장에 학부모 강의를 나가고 있는데, 학부모 중에는 정말 시간을 내기 힘든 상황인데도 꼭 참여하는 이들이 있다. 그런데 그렇게 참여하는 부모들은 상당수 이미 '잘 하는' 부모들이다. 아버지교육의 중요성을 아는 아버지들이기에, 또 아버지 학교를 수강하며 더 성장하고자 한다. 교육의 중요성을 알고 이미 그렇게 자녀를 양육하고 있지만, 더 배우고자 하는 것이다. 반면, 정작 들어야 하는 부모들은 오지 않는다. 그들도 나름 할 말은 있을 것이다. 자녀교육을 위해 아버지교육을 들으라고 하니, 자녀를 위해 일해야 한다고 바쁘단다.

아버지 학교의 일반적인 커리큘럼을 자세히 들여다보니 여러 방법론이 다양하게 섞여 있다. 어떤 건 기술, 어떤 건 마인드와 태도, 어떤 건 관점 등 다양하다. 그래서 커리큘럼을 관통하는 핵심을 생각해보았다. 내가 찾아낸 핵심은 바로 '결과 이미지' 즉 '상(像)'을 정립하는 것이다.

첫 번째는 '아버지상' 정립이다. 아버지들이 처한 위기, 아버지로서의 현장 상황 등을 진단하고 변화를 꿈꾸는 것이다. 두 번째는 '남편상' 정립이다. 아내를 인생의 파트너로 인정하고 가정의 중심이 부부여야 함을 배운다. 세부적으로는 행복한 남편의 비결, 부부 대화법 등을 다룬다. 세 번째 주제는 '부모상'이다. 자녀와의 대화법과 고민상담의 방법 등을 다룬다. 네 번째는 '학부모상'이다. 자녀에게 자존감과 성품, 잠재력을 심어주는 멘토, 코치 역할을 다룬다. 다섯 번째는 가정이라는 공동체를 이끌어가는 가장상, 경영자상을 다룬다. 세부적으로는 가족의 사명, 가족문화 등을 다룬다.

아버지상, 남편상, 부모상, 학부모상, 가장상 이 다섯 가지가 핵심이다. 이러한 작업은 '방향'을 정립하는 것이다. 아버지가 되기 전에, 한 번도 이러한 방향을 정립하지 않았고, 그래서 항상 혼란스러웠다. 우리는 자녀를 잘 키우고 싶다. 그래서 물어본다.

"어떻게 하면 자녀를 잘 키울 수 있을까요?"

이렇게 질문하고 보니, 바로 그 순간부터 수많은 정보가 귀에 들어오기 시작한다. 이름하여 '끌어당김의 법칙'이 발동하는 것이다. 자녀를 키우는 기준을 세상에 물어보니, 세상의 각기 다른 전문가들은 '이것이 기준이다'라고 자기만의 깃발을 꽂는다. 우리는 그 깃발을 향해, 그 깃발을 뽑기 위해 달려간다. 거기에 답이 있다고 믿기 때문이다. 아니 거기에라도 답이 있어야 한다고 기대하는 것이다.

『꽃들에게 희망을』에 나오는 열정적인 애벌레들처럼, 꼭대기에 무엇이 있는지 모른 채 그저 경쟁적으로 올라서려 한다. 하지만 방향을 모르는 열정은 독(毒)이다. 친구들을 밟고 밀치고 올라선 꼭대기에는 아무것도 없었다. 더 솔직하게 말하자면, 그 깃발이 있는 곳에 자녀를 올려놓으려 경쟁적으로 달리는 것이다. 그래야 이렇게 열심히 돈을 벌고 달리는 마음이 허전하지 않기 때문이다.

그러다가 누군가 물어본다. "어딜 가는데, 그렇게 열심히 달립니까?" 그러면 그들은 달리면서 귀찮은 질문을 받은 표정으로 답한다. "모두 달리고 있잖아요. 저 깃발을 향해!"

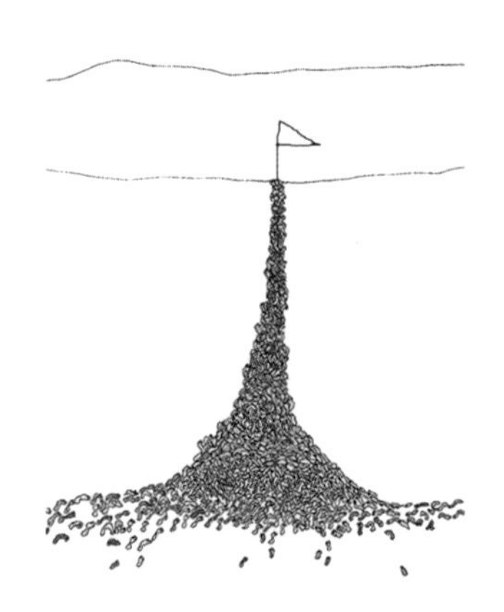

어떻게 키우고 싶은가에 먼저 답하라

자녀를 어떻게 키우는 게 잘 키우는 것인지를 전문가들에게 물어보면, 전문가들은 각자 자신이 답을 가지고 있다고 할 것이다. 전문가마다 자신의 연구결과가 가장 중요하다고 말할 것이다. 또한, 레전드급 학부모들이 자녀를 명문대에 보내고 펴낸 책들은 각기 다른 방법론을 말할 것이다. 엄마들은 그 답을 찾기 위해 문화센터, 학원설명회, 입시강좌 등 일정을 수첩에 빼곡하게 적어서 달리고 또 달린다. 강의를 듣고 올 때마다, 그리고 책을 읽을 때마다 그날 저녁부터 새로운 방법을 아이에게 적용한다. 이 모든 것은 자녀를 어떻게 키울 것인지 물어보려 다니는 삶의 부작용들이다.

어디로 가야 맞는 길일까요?
자녀를 어떻게 키워야 잘 키우는 것일까요?
이렇게 질문한다면, 답변은 오히려 자신에게 질문하라.
나는 자녀를 어떻게 키우고 싶은가!
나는 자녀를 어떤 인재로 키우고 싶은가!

전문가들의 자녀교육 그 자체가 나쁘다는 게 아니라, 부모의 기준이 없는 것이 무섭다. 그런 교육을 하는 주체와 교육전문가들, 자녀교육 수기를 펴낸 엄마들의 노력과 열매는 그 자체로 아름답고 존중되어야 한다. 다만, 그런 내용을 접할 때마다 자신의 교육철학 없이 외부의 방법론에 심장이 두근거리는 삶이 얼마나 힘든 여정인지 말하고 싶은 것이다.

어디로 가야 맞는 길일까. 자녀를 어떻게 키워야 잘 키우는 것일까. 이렇게 질문한다면 답변은 오히려 자신에게 질문하라는 것이다. "나는 자녀를 어떻게 키우고 싶은가", "나는 자녀를 어떤 인재로 키우고 싶은가"라고 묻는 것이다.

영국의 작가 루이스 캐럴(Lewis Carol)이 쓴 『이상한 나라의 앨리스』에는 체셔 고양이가 등장한다. 이 고양이는 갑자기 사라졌다가 다시 나타나곤 하면서 앨리스를 번거롭게 하는 존재이다. 그러면서 툭툭 던지는 말이 신비롭고 특별하다. 어느 길로 가야 하는지 물어보는 앨리스에게 오히려 질문으로 답한다. 어디를 가고 싶은 것인지, 또는 어디를 가던 중인지, 어디를 가야 하는지 답하라는 것이다. 그래야 갈림길에서 답을 줄 수 있다는 것이다.

그러자 앨리스는 "어딜 가고 싶은지는… 아직 생각해보지 않았는데…"라고 말한다. 이때 체셔 고양이가 한방 날린다. 어디를 가고 싶은지 생각해본 적이 없다면, 어느 길로 가든 상관이 없다는 것이다. 듣고 보니 말이 맞다. 자녀를 어떻게 키워야 잘 키우는 것인지 물어본다면, 체셔 고양이가 되물을 것이다. "자녀를 어떤 사람으로 키우고 싶은데요?"이에 대해 "그건 아직 생각해본 적이 없는데…"라고 답한다면, 체셔 고양이는 지금도 이렇게 답할 것이다. "그럼 어떻게 키워도 상관없네. 뭐."

"여기서 어느 길로 가야 하는지 알려줄래?"

"그건 어딜 가고 싶은지에 따라 달라지는데." 체셔 고양이가 말했다.

"어딜 가고 싶은지는… 아직 생각해보지 않았는데…." 앨리스가 말했다.

"그럼 어느 길로 가든 상관없네, 뭐."

만약 체셔 고양이의 질문에 답을 하는 부모가 있다고 치자. "자녀를 어떤 사람으로 키우고 싶은데?"라고 물어보는 질문에, 마음속으로 '내가 이루지 못한 의사의 꿈을 자녀를 통해서라도 꼭 이루게 할 거야' 혹은 '돈을 벌어 무시당하지 않는 인생으로 키울 거야'라고 생각할 수 있다. 그것도 주먹을 불끈 쥐면서 비장하게 다짐할 수 있다. 그 순간 부모는 그 자신의 부모를 떠올릴 수도 있다. 자신의 인생을 관통하며 서러웠던 순간이 스쳐 지나가며 눈물을 글썽일 수도 있겠다. 무서운 일이다. 자신의 인생을 자녀에게 투사하여 대리 목적을 이루려는 것이다.

목표가 없는 것보다 더 무서운 것은, 잘못된 목표를 세우는 것이다. 목적이 없었다. 방향이 없었다. 그러다 보니, 타인의 목적을 끌어오거나 그것도 아니면 타인의 방법을 끌어온 것이다. 그런데 그 방법이 시기마다 달라지거나, 경쟁상대가 달라질 때마다 수정에 수정을 거듭한다. 실험대상인 아이는 고스란히 모든 실험에 끌려 다닌다. 왜 공부해야 하는지, 왜 대학을 가야 하는지 한 번도 그 의미를 제대로 부모에게서 듣지 못한 채, 여러 방법의 실험대상이 되며 장장 16년을 공부했다.

나름 아이를 향한 꿈이 있다고 항변하다

이제 아이들은 조금씩 부담스러워한다. '엄마는 엄마 자신의 꿈이 없는가? 왜 나만 바라보면서 행복의 조건을 찾는 거지?' 성적을 잘 받아오면 행복해하고, 성적이 떨어지면 엄마의 표정에 웃음이 사라진다. 아버지도 마찬가지다. 참고 인내하며 돈을 버는데 그게 모두 자식 때문이란다. 아이는 그게 너무도 부담된다.

한국 청소년의 정신건강 실태조사에서 청소년이 자살을 생각하게 되는 이유 중 가장 높은 비중은, '학업과 진로 문제'(36.7%)였다. 그런데 이러한 학업과 진로에 가장 큰 영향을 끼치는 대상이 '부모'(46.6%)라는 것이다. 물론 양면성은 있다. 긍정적인 영향과 부정적인 영향이 모두 가능하다. 다만, 앞에서 언급한 것처럼 엄마와 아빠가 자신의 꿈, 행복의 기준 없이 그저 자녀의 성적과 결과 등에서 삶의 기쁨을 찾으려 한다면 아이는 행복하지 않다는 것이다.

아이를 어떤 사람으로 키울 것인가를 생각해보니, 나름대로 목표는 있었다. 좋은 학교에 보내는 것, 안정된 직업을 갖게 하는 것. 그래야 행복하게 살 수 있을 것이기 때문이다. 그런데 자녀의 눈에 엄마의 삶이 행복해 보이지 않는다. 아버지의 직업이 안정적으로 보이지 않는다. 결국, 엄마, 아버지가 행복해 보이지 않고, 불안해 보이며 그나마 참고 버티는 것은 '자녀는 우리처럼 살게 하지 않을 거야'라는 꿈을 이루려는 노력 때문이었다.

이건 딜레마에 가깝다. 부모는 행복하지 않고, 자녀를 행복하게 만들기 위해 자신들의 행복을 접고 자녀를 위해 산다. 그러면서 부모는 '누굴 위해서 이러는데'라고 생각한다. 결국, 자녀는 부모의 행복을 위해 자신이 지금 희생하고 있다는 생각을 하게 된다. 또한, 자신의 미래를 생각하면 부모님과 같은 미래가 떠올라 불편해진다. 현재의 노력도 괴롭고 미래도 암울하다. 이 악순환은 누구를 위해 있는 것인가.

따라서 질문을 정리해 보아야 한다. 우리는 세상을 향해, "자녀를 어떻게 키우면 잘 키울 수 있을까요?"라고 물었다. 그런데 더 중요한 질문을 우리 자신에게 먼저 해야 한다. "자녀를 어떤 사람으로 키우고 싶은가?"이다. 하지만 이보다 더 먼저 근본적으로 자신에게 해야 할 질문이 있다. 바로 "부모 자신은 어떤 인생을 살고 싶은가?"이다.

'어떻게 하면 자녀를 잘 키울 수 있을까?'라고 묻고 싶다면,
'자녀를 어떤 사람으로 키우고 싶은가?'라고 자신에게 되묻는다.
그런데 그것에 답하기 전에 먼저 답해 보아야 할 질문이 있다.
'나는 어떤 인생을 살고 싶은가?'

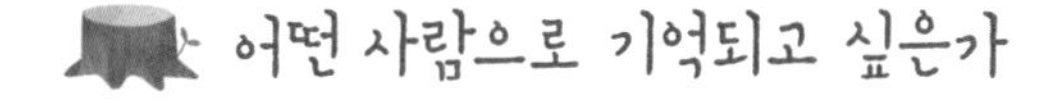

어떤 사람으로 기억되고 싶은가

어린 시절, 무척 존경하는 선생님이 계셨다. 당시 그분은 학교 선생님이셨는데, 이후 대학의 교수가 되셨다. 지금 생각해보아도 정말 멋진

분이다. 지미 카터 같은 인생을 살았다고나 할까. 직업적으로는 대학의 교수이고, 사회적으로는 '지식기부' 봉사자였으며, 종교적으로는 지역교회학교의 교사로 평생 사셨다.

어느 날 그 선생님이 나에게 질문을 하나 하셨다.

"죽은 다음에 어떤 사람으로 기억되고 싶니?"

정말 생뚱맞은 질문이었다. 무엇을 말해야 할지 난감했다. 그래서 "모르겠는데요"라고 말끝을 흐렸다. 여러 친구에게도 같은 질문을 하셨는데 모두 대답을 못 하는 것이었다. 적당히 얼버무려 대답해도 될 텐데, 왠지 그 선생님 앞에서는 그렇게 하고 싶지가 않았다. 솔직해지고 싶었다.

선생님은 답변을 못 하는 우리를 격려해주셨다.

"답변을 못 하는 게 당연하다. 선생님도 너희 나이 때에 그 질문에 답변하지 못했었거든." 그 말에 나는 위안이 되었다. 그런데 그다음 선생님이 우리의 눈을 쳐다보면서 하신 말씀은 지금도 기억에 생생하다.

"그런데 말이야, 너희들 나이가 마흔이 되었을 때도
이 질문에 답변하지 못한다면,
그때는 설령 열심히 살고 있다 할지라도
인생을 낭비하고 있는 것이다.
이것만은 꼭 기억하렴."

인자한 목소리였지만 뇌리 깊숙이 새겨졌다. 그 말은 너무나 큰 울림으로 내게 자리 잡았다. 그날 이후 나의 고민은 시작됐다. '나는 어떤 사람으로 기억되고 싶은가?' 자꾸 생각하다 보니, 조금씩 실마리가 보였다.

우선 그 질문에 답하려면 다른 질문에 먼저 답을 해야 할 것 같았다. '나는 누구인가?', '나는 어떤 사람인가?' 이 질문에 답을 해야, 타인에게 어떤 사람으로 기억되고 싶은지 알 수 있을 것 같았다. 질문이 바뀌니 생각보다 답변이 쉬웠다. 내가 누구인가에 대해 나 스스로가 꺼낼 말은 하나도 없었다. 다만 그때까지 성장기에 주변 사람들에게 수없이 듣고 느꼈던 내 모습이 떠올랐다. 공통적으로 다섯 가지 모습으로 정리되었다.

'조용하고 답답한 아이, 무엇이든 오래 걸리는 아이, 용기가 없는 내성적인 아이, 친구가 많지 않아 외로운 아이, 그저 책만 읽는 바보, 그것도 아~주 느리게 읽는 아이.'

물론, 사람들이 바라보는 시각에 대해 유독 내가 받아들이는 마음이 한쪽으로 치우쳐져 있을 수도 있다. 성격적인 면도 한몫했고, 가난한 환경에 대한 과도한 열등감도 있었으리라. 그래도 그 시절이 모두 불행했다고 생각하지는 않는다. 나름의 피난처요 성지가 있었다. 동네의 작은 교회에 가면 나만의 작은 세계를 구축할 수 있었고, 현실에서 느끼지 못한 존재감도 찾을 수 있었다. 하지만 나의 내면에 자리 잡은 근본적인 자아상이 매우 부정적이었다는 것은 분명했다.

단 한 사람의 관심이면 충분하다

난감했다. 어떤 사람으로 기억되고 싶은지 답하기 위해, 나 자신이 누구인지 물어보았다. 그 물음에 대해 나 스스로가 답할 말이 없자, 자동적으로 나에 대한 주변사람들의 오랜 평가가 그 자리를 채웠다. 다섯 가지 내용은 하나 같이 부정적인 것이었다.

나는 조용한 아이였다. 건강한 상호작용이 없이 혼자 무엇인가를 하다 보니 늘 시간이 오래 걸렸다. 자신의 내면에 자신감이 없으니 표현이 서툴렀다. 그것은 용기 없는 모습으로 비춰졌다. 이러한 특징이 순환되다 보니 자연스럽게 주변에는 친구가 없었다. 당연한 결과였다.

너무 외로운 나머지 나는 책을 읽기 시작했다. 책은 나를 재촉하지 않았다. 책은 용기를 요구하지도 않았다. 그리고 책은 한없이 나를 기다려주었다. 책을 빨리 읽지도 못했기에 결국 나에게 친구는 책뿐이었다.

이후 내 인생에 일어난 변화를 말하기 위해 한 가지 설명을 미리 하고자 한다.

'회복 탄력성'의 기초가 된 실험 이야기다. 〈초등인문독서의 기적〉에 소개된 '하와이 카우아이섬' 종단연구를 살펴보자. 1950년대 미국의 사회학자, 소아과 의사, 정신과 의사, 사회복지사, 심리학자들이 하와이 카우아이 섬에서 연구를 시작했다. 섬에서 태어난 신생아 833명을 대상으로 이들이 어른이 될 때까지 추적 조사를 하는 대규모 연구였다.

섬주민은 대대로 가난과 질병에 시달리고, 대다수 주민은 범죄자이거나 알콜중독자 혹은 정신질환자였다. 학교 교육도 제대로 이루어지지 않아 청소년 비행도 심각한 수준이었다. 이 섬에서 태어난 것은 불행한 삶을 예약하는 것이나 다름없었다.

여러 학자들이 이 섬을 연구한 이유는 한 인간이 어머니 뱃속에서부터 어른이 될 때까지 가정이나 사회 환경이 그들에게 어떤 영향을, 얼마만큼 미치는가를 알아보기 위한 것이었다. 이 연구는 아이들이 열여덟 살이 될 때까지 계속되어 1977년 책으로 출간되었다.

연구결과는 예상한 대로였다. 결손가정의 아이들일수록 학교와 사회에 적응하기 힘들어했으며, 부모의 성격이나 정신건강에 결함이 있을 때 아이에게 나쁜 영향을 끼치는 것으로 나타났다.

그러나 에미 워너라는 심리학자는 조금 다른 측면에서 이 연구를 들여다보았다. 그는 전체 대상 중에서 가장 열악한 환경에서 자란 201명을 추렸다. 그들은 모두 극빈층에서 태어났고 가정불화가 아주 심각하거나 부모가 별거 혹은 이혼 상태의 아이들이다. 또 부모 한쪽 또는 양쪽 모두가 알콜중독이나 정신질환을 앓고 있었다. 이런 환경에서 자란 아이들 대부분은 학교생활에 적응하지 못했고 학습부진을 보였으며, 학교와 가정에서 여러 갈등을 일으켰다. 열여덟 살이 되었을 때 상당수가 폭력사건에 연루되어 소년원에 갔거나 수차례 범죄 기록을 갖고 있었다. 여자아이의 경우에는 정신진환을 앓거나 미혼모가 되기도 했다.

그런데 여기서 에미 워너 교수는 새로운 사실을 발견하였다. 201명 가운데 3분의 1인 72명은 별 문제를 일으키지 않았다는 점이다. 72명의 자료를 다시 한번 꼼꼼히 살펴보았다. 72명은 모두 훌륭한 청년으로 성장하였다. 그들은 가족이나 친구들과 잘 지내고 있었고, 긍정적인 성격과 미래에 대한 비전을 갖고 있는, 지극히 정상적인 젊은이들이었다.

무엇이 이들로 하여금 역경을 넘어설 수 있게 한 것일까?

72명은 한 가지 공통점을 가지고 있었다.

바로 이들의 주변에는

아이의 입장을 무조건 이해해주고, 받아주는

어른이 한 명 이상 존재하고 있었다.

이것이 '긍정심리학'과 '회복탄력성'의 시작을 알리는 연구였다. 주변 사람들로부터 관심과 평가를 받아먹으며 필자인 내 인생의 시간도 흐르고 있었다.

그러던 어느 날 멈춰 서서 그 평가들을 떠올리며 내가 누구인가, 그래서 결국 어떤 사람으로 기억되고 싶은지 퍼즐을 맞춰 보았다.

완전히 다르게 바라보다

세상에 태어난 이후, '나는 누구인가'에 대한 위대한 질문 앞에서 깨달은 내 모습은 한마디로 비참했다. 내가 나를 그렇게 인식하고 있다는 것을, 다른 사람도 나를 그렇게 바라본다는 자체가 싫었다. 그리고 더 힘든 점은 대부분의 주변 사람이 그것을 더욱 강화해준다는 사실이었다.

"왜 이렇게 오래 걸리니?", "속 시원하게 말을 좀 해. 말을!", "바보냐. 얘기를 했어야지. 말을 안 하면 그걸 어떻게 알아?", "뭐가 이렇게 복잡해? 단순하게 생각해!", "넌 친구도 없냐. 왜 항상 혼자 있어?", "어떻게 책 한 권을 그렇게 오래 읽을 수 있어? 외우니?"

이런 아픈 말들은 대부분 가까운 사람들이 한다. 그래도 관심이 있는 사람들이 말이라도 건네는 법이다. 물론 좋지 않은 의도를 가지고 하는 말은 아니고, 이 모든 게 관심의 표현이었을 것이다.

이렇게 내가 발견한 나의 다섯 가지 부정적 자기 인식은 날로 견고해져 갔다. 하와이 카우아이섬의 일반법칙을 그대로 따르고 있었다.

그런데 카우아이 섬의 예외 연구가 나 자신에게 일어나기 시작했다.

"생각하는 것은 위대한 것이다. 침착하게 더 생각하고 결정하렴.", "이렇게 오래 집중하기 쉽지 않은데… 몰입력 참 좋다.", "가볍게 결정하지 않고 오래 숙고하며 판단하는 것은 신중한 사람의 특징이다. 내성적인 사람들은 신중함이라는 보석을 모두 가지고 있단다.", "우리는 많은 사람 속에 있어도 외로울 수 있다. 하지만 옆에 단 한 사람이 있지만, 마음을 터놓을 수 있는 사람이면 절대 외롭지 않다. 그것은 세상을 얻은 것이다.", "책이 그렇게 좋니. 책만 읽는 바보라고 들어보았니. 그런 사람들이 세상을 바꾸었단다. 더 열심히 읽으렴."

이는 방송대본, 영화 시나리오 대본 속 멘트가 아니다. 당시 그 선생님이 내게 해준 말들이다. 드라마가 아니라 현실에서 실제로 들은 말들이다. 거기에 진심까지 담겨 있다면 상황은 달라진다. 드라마보다 더 드라마틱한 변화가 일어난다. 어떤 견고한 성이라도 무너질 수밖에 없다. 그분은 오랜 시간 동안 일관되게 나를 그렇게 바라보며 말해주셨다. 그리고 결국 나의 견고한 그리고 부정적인 인식의 성이 무너져 내렸다. 그때 '나는 누구인가'라고 다시 자신에게 물어 보았다. 드디어 그 질문에 답을 할 수 있게 되었다.

"침착한 성향, 오래 몰두하는 집중력, 신중한 의사결정능력, 사람을 깊게 사귀는 관계유형, 지식을 탐구하는 적성을 가진 아이. 그게 바로 나다!"

 이런 사람으로 기억되고 싶다

내가 누구인지 이제야 깨달았다. 무슨 일이든 너무 오래 걸리는 답답한 인간이 아니라, 그냥 오래 할 수 있는 아이. 조용하고 쓸모없는 인간이 아니라 그냥 침착한 아이. 용기가 없는 인간이 아니라, 신중하게 생각한 뒤에 결정할 뿐이었다. 많은 사람 속에서 힘들어하는 부적응자가 아니라, 사람을 깊게, 오래 이해하고 사귀는 성격이었다. 그리고 책만 보는 외톨이가 아니라 책을 좋아하는 탐구 적성의 소년이었다.

그러고 보니 나는 새롭고 화려한 가면을 쓴 게 아니라, 그저 있는 그대로 나 자신을 인정했던 것이다. 없는 능력을 만든 것이 아니라, 그저 남과 다른 내 모습을 발견했을 뿐이다. 닫힌 뚜껑을 열어 '발견'[Dis+Cover]한 것이다. 그때 비로소 나는 질문의 원점으로 돌아갔다. "어떤 사람으로 기억되고 싶니?"의 답변을 찾기 위해 출발했던 '자기탐색'의 여행을 마치고 다시 출발점에 선 것이다. 그리고 결국 나는 "어떤 사람으로 기억되고 싶니?"라는 처음 질문에 드디어 진짜 답변을 꺼냈다.

'지식으로 사람과 세상을 돕는 삶으로 기억되고 싶다.'

처음에는 단 하나의 '질문'으로 시작했다. 어떤 사람으로 기억되고 싶은가? 질문은 또 다른 질문을 생성했다. 나는 누구인가? 이 질문에 답하는 순간, 새로운 질문이 떠올랐다.

'그럼 이제 어떻게 살아야 할까?"

그런데 그 답변에는 오랜 시간이 걸리지 않았다. 내게 없던 것, 내가 할 수 없는 것, 남들이 기대하는 것 등 외부적인 기대에 따르지 않고, 그저 내 마음의 음성을 듣고 바로 답을 내렸다. 너무나 쉬운, 지극히 나다운 답변이 나왔다. 지식으로 세상에 기여하고 싶다면, 그러한 인생으로 살기 위해서는 내가 가장 좋아하는 것을 계속하면 되는 것이었다.

'내가 좋아하는 책을 계속 더 열심히 읽자!'

이러한 변화를 어떤 비유로 설명할 수 있을까? 앞서 언급한 『꽃들에게 희망을』 책속에 등장했던 애벌레들을 다시 떠올려본다. 자기의 모습도 모른 채 그저 경쟁하듯 꼭대기까지 올라가서야 그곳에 아무것도 없다는 것을 깨달은 애벌레들. 그 애벌레 중 한 마리는 나비로 거듭난다.

진정한 의미는 저 꼭대기에 있는 게 아니라, 내 안에 있었던 것이다. 바로 이러한 변화가 내 안에 일어난 것이었다.

그 시절 이후 강산이 두 번 변하고도 남을 세월이 흘렀다. 서재에 관한, 독서에 관한 『베이스캠프』라는 책을 출간했다. 그 책으로 인해 방송에도 나가고, 강의도 하게 되었다. 내 인생에 일어난 변화는 놀라움 그 자체였다. 그러고 보니, '어떤 사람으로 기억되고 싶니?'라는 그 질문 하나가 나의 인생을 바꾼 것이었다.

'자녀상' 이전에 아버지의 '자아상'이 먼저다!

아버지의 '자아상'이 먼저 건강해야 자녀를 인격체로 바라볼 수 있다. 외부에 민감한 자아상을 가진 아버지는 자녀를 바라볼 때도 외부의 기준에 따라 타인과 자녀를 비교하며 바라본다. 더 힘든 것은 외부의 기준이 바뀔 때마다 자녀에게 다른 기준을 적용한다는 것이다. 억눌린 자아상을 가진 부모는 때로 자신의 억눌린 행복과 꿈을 자녀에게 투사하기도 한다. 자신의 꿈을 대신 이루는 존재로 여기고, 자녀를 꼭 성공시켜 대리만족을 느끼고 싶어 한다.

아버지의 자아상은 결혼을 하고 자녀를 낳은 이후 자녀의 성장기를 지나면서 형성되는 것이 아니다. 어린 시절부터 차곡차곡 다져진 것이다. 어쩌면 초기 영유아기 시절 아버지의 아버지와의 애착관계에서부터 이미 시작된 것일 수 있다.

자아상은 건강하고 균형미가 있으며, 내면의 홀로서기가 튼튼한 자아상이어야 한다. 자아상이 정확히 무엇인가 물어본다면, 그 해석은 다양하다. 말을 그대로 풀면 '자신에 대한 이미지(Self-Image)' 정도로 풀 수 있다. 그렇다면 그림인가, 아니면 말이나 글로 설명하는 것인가. 모두 가능하다. 이는 성장하는 과정마다 다를 수도 있지만, 점차 발전하고 성숙한 설명이 가능할 수 있다. 어쩌면 내가 청소년기에 스승에게 들었던 한 문장의 질문은 그런 자아상을 물어보는 질문이었을 것이다.

"자네는 죽은 뒤에 어떤 사람으로 기억되고 싶은가?"

아버지의 자아상 수립을 돕기 위해 15개 정도의 인터뷰 질문을 만들어보았다. 인터뷰하듯이 질문에 답해 보는 것이다. 모든 질문에 다 답을 할 필요는 없다. 완벽한 답도 없다. 새로운 질문을 만들 수도 있다. 기존의 질문을 더욱 적절한 표현으로 바꿀 수도 있다. 내용에 자신이 없을 수도 있다. 그리고 후일 내용을 수정할 수도 있다.

질문을 접하는 것, 그 질문에 답해 보는 것이 중요하고, 질문을 품고 살아가는 삶 자체가 바로 '삶의 이유'를 추구하는 인생이다. 그런 한 사람이 가장일 때, 그런 아버지를 보고 자녀들은 배우고 성장한다.

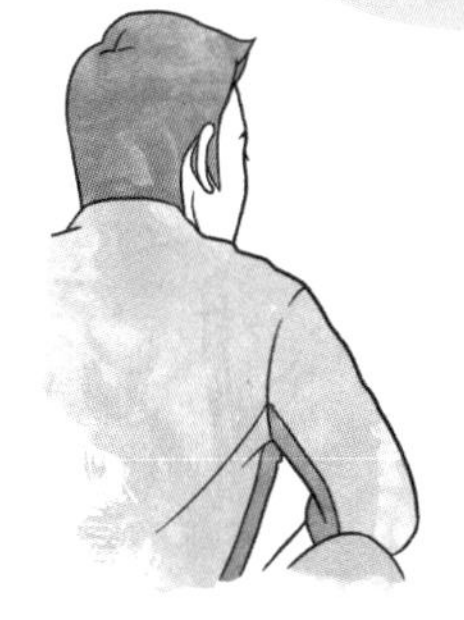

아래의 질문은 15개이며, 질문은 순서는 아래에서 위로 올라가면서 답하면 된다. 그렇게 순서를 만든 이유는 아래쪽에 더 근본적인 질문을 두어 마치 집을 지어 위로 쌓아 올리는 느낌이 들기 위해서이다. 아래에서 위로 질문을 읽으면서 답변하다 보면, 이전 답변이 그다음 답변으로 이어지는 느낌을 받을 것이다. 그리고 인생을 살아가는 시간순서에도 맞을 수 있다. 맨 위 마지막 질문은 유언을 적는 것이다.

15. 내가 죽는다면, 묘비명에 쓰고 싶은, 나의 평생을 담은 한 줄은 뭐라고 쓸 것인가?(묘비명)
14. 나는 나의 자녀를 어떤 사람으로 키우고 싶은가?(양육관, 자녀 인재상)
13. 나에게 결혼이란 무엇인가? 배우자 선택의 우선순위는 무엇인가?(결혼관, 배우자상)
12. 나에게 있어 성공이란 무엇인가?(성공관)

11. 나는 돈에 대해 어떤 마인드를 가지고 있는가?(재정관)
10. 나는 무엇을 할 때 가장 행복한가?(행복관)
9. 나는 사람과의 관계 속에서 어떤 모습이 편안한가?(성향)
8. 나는 사람들 속에서, 또는 조직 안에서 어떤 위치와 역할에 있을 때 가장 행복한가?(기질, 역할)
7. 나는 나의 재능을 알고 있는가. 또는 나의 강점은 무엇인가?(강점)
6. 나는 수많은 판단 속에서 가장 우선순위에 두고 있는 소중한 원칙은 무엇인가?(가치우선순위)
5. 나는 직업을 통해 이루고 싶은 비전과 사명의 마감기한과 목표수치가 있는가?(목표)
4. 나는 어떤 직업으로 무엇을 추구하며 살 것인가?(직업관)
3. 나의 꿈을 통해, 타인과 세상에 어떤 기여를 하고 싶은가?(사명)
2. 내가 꿈꾸는 미래의 나와 세상은 어떤 모습인가?(비전)
1. 내가 이 세상에 존재하는 이유는 무엇인가?(소명)

〈15. 내가 죽는다면, 묘비명에 쓰고 싶은, 나의 평생을 담은 한 줄은 뭐라고 쓸 것인가?(묘비명)〉

15번 항목을 다시 한번 읽어보자. 나는 젊은 날에 세상을 구하고 싶었고, 세상의 존경을 받고 싶었다. 그러나 깨달았다. 세상을 구하기는 커녕, 내 아들딸에게 존경받기도 어렵다는 사실을 말이다. 그리고 자녀들로부터 "아버지를 닮고 싶어요!" 이 한마디 듣는 것이 세상을 구한 것만큼의 위대한 일이라는 사실도 깨달았다. 그 계기가 된 것은 어느 묘비명을 읽은 이후였다.

내가 젊고 자유로워서 상상력이 한계가 없었을 때,

나는 세상을 변화시키겠다는 꿈을 꾸었다.

내가 성장하고 현명해질수록

나는 세상이 변하지 않으리라는 걸 발견했다.

그래서

내 시야를 약간 좁혀 내가 사는 나라를 변화시키겠다고 결심했다.

그러나 그것 역시 불가능해 보였다.

내가 황혼의 나이가 되었을 때 나는 필사적인 한 가지

마지막 시도로 나와 가장 가까운 가족을 변화시키겠다고 결정했다.

그러나 아아,

아무도 변화를 받아들이지 않았다.

그리고 이제 죽음의 자리에 누워 나는 문득 깨달았다.

만일 내가 자신을 먼저 변화시켰더라면

그것이 거울이 되어 내 가족을 변화시켰을 텐데…

그것의 영감과 용기로부터 나는

내 나라를 더 좋아지게 할 수 있었을 텐데…

그리고 누가 아는가…

내가 세상까지도 변화시켰을지!

– 영국 성공회 대주교의 묘비명 발췌

무엇을 남길 것인지 선택할 수 있다

밥 버포드는 『하프타임』에서 자신이 태어나는 것은 스스로 선택할 수 있는 것이 아니지만, 적어도 자신이 죽을 때 묘비명 위에 남길 내용은 스스로 바꿀 수 있는 것이라고 말했다. 그리고 그는 이 시대의 많은 사람에게 바로 지금, 인생의 '작전타임'을 갖고 인생의 후반전은 '비전'과 함께 살아가라고 외쳤다.

무엇을 남길 것인가! 밥 버포드의 표현처럼, 태어나는 것은 선택사항이 아니었다. 하지만 우리 평생의 삶을 어떻게 꾸려 가느냐에 따라 적어도 우리 무덤의 묘비명은 얼마든지 바꿀 수 있다.

"한평생 자신만을 위해 살았던 스크루지 여기에 묻히다."(크리스마스 캐럴 중에서)

구두쇠 스크루지는 자신의 묘비명을 보고, 그리고 자신의 죽음에 대한 사람들의 평가를 듣고 깊은 서글픔을 느낀다. 그리고 잠에서 깨었을 때, 아직 기회가 있음을 발견하고 감사한다. 여기에서 기회란 자신의 묘비명을 바꿀 수 있는 기회를 말한다. 묘비명은 한 사람이 전 생애를 통해 세상에 남긴 그 사람의 마지막 '흔적'이다.

"저는 존경하는 사람이 없으니까. 자꾸 묻지 마세요. 제 인생에는 멘토도 없고요. 닮아가고 싶은 사람도 없어요. 그리고 되고 싶은 꿈도 없습니다. 알겠어요? …정 그러시다면 제가 한 가지는 말씀드릴 수 있어요. 저는요, 적어도 우리 아버지처럼만 되지 않으면 됩니다. 죽어도 우리 아버지와 같은 사람은 되지 않을 거란 말이에요!"

어느 교육컨설팅 과정에서 만났던 학생의 부르짖음이다. 목표를 탐색하는 수업을 지속하였지만 그 학생에게는 아무런 진전이 없었다. 결국, 컨설팅을 포기하기로 한 내게 학생이 마지막으로 한 말이었다. 학생은 몸을 떨며 굵은 눈물을 떨어뜨렸다. 주먹을 쥐고 부르르 떨며 말한 자기의 유일한 꿈은 '아버지와 다른 사람'이 되는 것이라고 했다.

학생의 아버지는 유일한 아들에게서 외면당한 인생이 된 것이다. 평가는 무섭다. 더군다나 다른 사람이 내리는 평가는 더욱 엄격하다. 하지만 감사하게도 우리에게는 아직 기회가 있다. 바로 지금 나 자신이 어떤 삶으로 기억되고 싶은지 생각하고, 그것을 추구하면 된다.

20여 년 전, 한 청소년 캠프를 기획할 때 야산에 무덤 크기의 공간을 파내고, 학생들과 가상의 유언쓰기 프로그램을 진행한 적이 있다. '침묵의 시간'을 선포하고, 일정 거리의 산행을 안내자와 함께 조용히 오른다. 산 중턱쯤에서 자신의 유언을 쓰게 한다. 마지막으로 준비된 구덩이에 눕게 하고 학생이 쓴 유언을 읽어준다. 그러면 이전까지 그렇게 장난을 치던 학생들도 그때만큼은 얼마나 진지해지는지 모른다. 캠프 이후 실제로 몇몇 장난꾸러기들의 모습은 눈에 띄게 달라졌다.

유언의 효과는 '소중한 것'의 존재를 깨닫게 되는 것이다. 묘비명의 효과는 '세상에 남기는 것'에 대한 평가를 되새기게 하는 것이다. 또한, 자신이 너무 많은 것을 욕심부리고 있지는 않은지 생각해보고, 몇 가지의 핵심가치에 집중하도록 만드는 효과가 있다. 『묘비명』이라는 책에서 찾아낸 몇 가지 묘비의 내용을 더 살펴보자.

"내 우물쭈물하다 이럴 줄 알았다"(영국의 극작가 버나드쇼)

"귀천(歸天)"(시인 천상병)

"에이, 괜히 왔다"(중광 스님)

"일어나지 못해 미안하다"(소설가 헤밍웨이)

"살고, 쓰고, 사랑했다"(스탕달)

"후세 사람들이여, 나의 휴식을 방해하지 마시오"(노스트라다무스)

"나는 섬김을 받으러 온 것이 아니라, 섬기러 왔습니다"(선교사 아펜젤러)

온 힘을 다해 꿈을 추구하고, 그리고 세상을 떠나게 되었을 때 남기고 싶은 유언은 무엇인가? 내 죽음에 대해 주변의 사람들과 세상이 내리는 '한 줄의 평가'는 무엇이기를 바라는가? 지금은 비록 바라는 것을 말하고 있지만, 먼 훗날에는 그 결과가 묘비명에 적힐 것이다. 어쩌면 묘비명은 써놓았는데 그 내용이 평생의 삶과는 너무나도 거리가 있는 것이라면 죽은 이후, 묘비명이 바뀔 가능성도 있다.

참고로 나의 묘비명은 내가 무엇을 만들더라도, 내 아내가 바꿀 것이다. 그녀는 나와 함께 살았던 세월 동안 내가 가장 많이 했던 말을 묘비명에 적을 태세다. 물론 내가 아내보다 먼저 세상을 떠나리라는 것을 전제로 한다. 그녀가 이미 정한 나의 묘비명은 '시간이 부족해'이다.

묘비명에는 인생의 가치가 담긴다. 인생의 '가치'는 일상의 '태도'를 바꾼다. 피터 드러커가 소개한 유명한 예화 중에 '세 명의 석공'이야기가 있다. 이는 탈무드에도 소개된 예화이다.

어느 건설 현장에 세 명의 석공이 열심히 돌을 망치로 내려치며 다

듣고 있었다. 그런데 관찰을 해보니 하는 일은 같은데, 그들의 표정은 제각기 달랐다. 첫 번째 석공의 얼굴은 일그러져 있었다. 그는 일하면서 한숨을 푹푹 내쉬었다. 한눈에 보기에도 하기 싫은 일을 억지로 하고 있었다. 두 번째 석공의 얼굴에는 아무런 표정이 없었다. 그러나 힘든 일을 인내하며 하고 있다는 의지가 보인다. 세 번째 석공은 얼굴에 활력이 넘치고 있었다. 마치 자신의 가족이 살 집을 짓고 있는 듯한 열정도 느껴지는 표정이었다.

지나가던 나그네가 표정의 이유를 알고 싶어, 세 명의 석공에서 물어보았다. 첫 번째 석공이 대답했다. "죽지 못해 이 일을 합니다. 남들도 다 하는 일이니 나도 어쩔 수 없이 해야죠." 두 번째 석공이 대답했다. "저는 가족을 위해 참고 일합니다. 생계를 책임져야 하는 가장이니까요." 세 번째 석공이 대답했다. 저는 이 일이 참 좋습니다. 제가 정성을 다해 돌을 다듬으면 결국 아름다운 성당이 세워지기 때문이죠."

누군가의 언어, 표정, 행동 그리고 삶을 보면 그 사람의 '삶의 이유'를 짐작할 수 있다. 때로는 살아가는 이유가 없는 그 자체도 '나름의 철학'

으로 보인다. 기준 없이 자유롭게 살고 싶은 것도 그 사람의 기준이다. 혼자 살다가 흙으로 돌아간다면, 무슨 철학이든 괜찮다. 그런데 누군가가 우리를 빤히 쳐다보고 있다면 얘기는 달라진다. 그리고 자꾸 바라보더니 결국 닮아간다. 그래서 아버지들은 긴장한다.

아버지는 설명할 준비를 해야 한다

아버지의 자아상은 그 삶으로 고스란히 나타난다. 자녀는 이것을 보고, 자신의 미래 모습을 예상한다. 따라서 아버지는 더욱더 적극적으로 자신의 삶을 설명하고, 아이가 살아갈 인생을 '미리보기'해주어야 한다. 그뿐 아니라, 자녀가 현재 삶에서 궁금해하는 모든 질문에 답변해주어야 한다. '왜 공부를 해야 하는지, 왜 대학을 가야 하는지, 그리고 왜 직업을 가져야 하는지 그리고 왜 결혼을 해야 하는지, 왜 돈을 벌어야 하는지… 아버지는 자녀에게 답해주어야 한다.

그리고 삶으로 그 답변 내용을 자녀에게 증명해야 한다. 왜냐하면, 이것이야말로 인생을 살아가는 가장 중요한 자아상인데, 이것을 친절하게 설명해주는 존재가 주변에 없기 때문이다. 더군다나 아이들은 이런 것을 고민할 필요조차 느끼지 않기 때문이다. 멋진 인생의 멘토를 운명적으로 만나는 것은 드라마 같은 우연이다. 실제적인 대안은 아버지이다.

그런데 두 가지 문제가 있다. 첫째, 아버지 자신이 '자아상'에 대한 정립이 되어 있지 않으면 답변할 수 없다. 둘째, 아버지가 답변하려고 해도 행여 당신 자신의 삶이 말과 일치하지 않는다면 이름하여 '꼰대'의 잔소리가 된다.

이러한 아버지의 가르침을 듣고 자란 아이와 그렇지 않고 자란 아이는 분명 차이가 난다. 지금의 청소년기에는 그 차이를 쉽게 알아차리기 어려울 수도 있다. 하지만 청소년기를 지나고 대학생과 성인이 되면서부터는 인생과 함께 차곡차곡 쌓여온 '격차'가 드러나기 시작한다.

우리가 요즘 매일 뉴스를 보며 실망하고 좌절하는 것들은 갑자기 일어난 천재지변이 아니라, 오랜 세월 쌓인 것들이 수면 위로 드러난 결과들이다.

"반드시 이겨야 해", "바보처럼 살지 말고, 자신의 것을 확실하게 챙겨야 돼", "과정은 중요하지 않아, 결과를 만들어야지!", "그렇게 산다고 누가 알아주냐?"

억울하게 살아온 부모들은 자식만큼은 그렇게 살지 않게 하겠다고 다짐한다. 그래서 독하게 돈을 벌고, 자식을 위해 그 돈을 전부 사용한다. 공부는 좋은 대학 가기 위해 하는 것이고, 대학은 취직 잘 되려고 가는 것이다. 취직이 되어야 결혼도 할 수 있다. 직업, 진로, 꿈은 '경쟁에서 이길 수 있는가. 먹고살 수 있는가. 내가 손해 보지 않을 수 있는가'를 중심으로 고민했었다. 아버지는 그렇게 자랐고, 자녀에게 그것을 심어주었다.

이렇게 성인이 되어가고, 개념이 있는 아이와 개념이 없는 아이는 이렇게 다른 길로 성장하게 된다. 언제 그러한 차이가 밖으로 드러나는가?

'선택의 상황, 위기의 상황, 갈등의 상황, 자신의 것을 포기해야 하는 상황' 등에서 인격은 두드러진다. 타이타닉호의 선장과 세월호 선장은 후대에 두고두고 비교될 것이다. 모두를 버리고, 자신만 살아나온 선장이 있는가 하면, 욕을 먹으면서까지 어린이, 노약자, 여성을 먼저 탈출시키고 결국 자신은 배와 함께 최후를 맞이한 선장이 있다. 이러한 차이는 어린 시절부터 차곡차곡 만들어진 인격 형성의 결과이다.

직업을 선택할 때도 안정, 보수 등을 중요시하는 부모의 가르침을 받고 자란 아이들은 일생을 그런 가치로 살아간다. 청소년들이 직업을 선택할 때 가장 중요시 하는 기준은 '안정'과 '보수'였다. 안정적인 삶, 안정적인 보수를 추구하는 게 무조건 나쁘다고 할 수는 없다. 다만, 다른 가치를 한 번도 생각해보지 않은 채, 처음부터 그리고 어린 시절부터 그것이 전부인 것처럼 생각하는 것은 지극히 슬프다. 물론 부모의 입장에서는 '소질과 적성'이 중요하다고 말하지만, 마지막 순간까지 늘 고민한다. '내 아이가 이 직업으로 먹고살 수 있을까?' 그렇게 배웠기 때문이다. 직업의 의미와 가치, 사명 등에 대해 배운 적이 없다.

간혹 그렇지 않은 학생을 만날 때도 있다. 소방관이 되고 싶다던 그 학생은 자신의 다이어리 책갈피에 이미지 하나를 넣고 다닌다. 그 이미지에는 숫자 하나가 크게 박혀 있다.

"343"

9·11 테러 당시 폭격당한 빌딩에 있던 수많은 사람은 살기 위해 줄을 지어 아래로 내려오고 있었다. 그런데 그 시간에 오히려 줄을 지어 빌딩으로 올라가던 사람들이 있었다. 바로 소방관들이었다. 그들은 무슨 생각으로 줄을 지어 위로 올라갔을까. 모두 비명을 지르며 내려오고, 꼭대기 층은 불타고 있었으며, 무너질 거라는 경고가 있었는데도 수백 명의 소방관은 올라갔다. 그리고 결국 빌딩은 무너졌다. 그때 생명을 잃은 소방관의 숫자가 343명이다.

바로 그들을 추모하며 만든 '343마크'를 그 학생은 가지고 다니는 것이다. 고귀한 소방관들의 정신을 그 학생은 알고 있었던 것이다. 어떻게 그런 생각을 하게 되었을까? 필자의 질문에 학생의 답변은 매우 간단하고 명료했다.

"아버지가 가르쳐주셨어요!"

 아이의 질문에 답하고 삶으로 증명하라

개념 있는 자녀로 키우고자 한다면, 지금부터 개념을 가르치자. 아니 아버지 스스로가 개념 있는 삶을 살고, 그 삶으로 자녀에게 설명하자.

'당신에게 '행복'이란 무엇입니까? 당신에게 '돈'은 어떤 의미입니까? '성공'이란 무엇입니까? '가정'은 어떤 의미입니까? '결혼'과 '배우자'는

어떤 의미입니까?'

과연 누가 행복의 개념을 하나로 정의하고, 모든 사람에게 그 행복을 강요할 수 있는가. 이는 불가능하다. 그래서 질문 자체가 '행복은 무엇입니까'로 표현하지 않고, '당신에게 행복이란 무엇입니까'로 표현하는 것이다.

한 면접관이 지원자들에게 물었다. "직장생활을 통해 얻고 싶은 것이 무엇인가요?" 잠시 생각한 뒤에 답변하라고 친절하게 격려하였다. 지원자들의 머릿속에 과연 어떤 생각이 떠올랐을까. 약간 과장해서 표현하면 다음과 같다.

- **지원자 1번의 생각** : '뭐라고? 직장생활을 통해 얻고 싶은 것이 무엇이냐고? 질문을 잘못한 거 아닌가? 나는 여기 직업을 얻기 위해서 왔거든. 직업을 통해 무엇을 얻고 싶은 게 아니라, 그냥 직업을 얻기 위해 온 건데…'
- **지원자 2번의 생각** : '간단하지. 나는 먹고살기 위해 직업을 구하는 것이다. 학자금 대출 빚도 갚아야 한다. 생활비도 필요하다. 장가도 가야 한다. 그래서 직장을 구하는 것이다.'
- **지원자 3번의 생각** : '나는 확실한 목표가 있어서 직업을 구하는 것이다. 그 목표는 돈을 버는 것이다. 그리고 돈을 정말 많이 벌고 싶다. 돈을 많이 버는 것이 내 목표이다.'
- **지원자 4번의 생각** : '나는 성공하고 싶다. 직업을 통해 성공한 사람이 되고 싶다. 성공한 삶을 살기 위해서는 직업에서의 성공이 가장 중요하다.'

• **지원자 5번의 생각** : '내가 직업을 구하는 이유는 돈을 벌기 위함도, 성공하기 위함도 아니다. 나는 성장하고 발전하고 싶다. 나 스스로가 꿈을 꾸고 그 꿈을 이루어가는 모든 과정이 의미가 있다. 직장을 통해 내가 성장하고 있다는 것을 확인하고 싶다. 그래서 나는 다 갖추어진 직장보다는 환경이 다소 열악하더라도 내가 도전할 수 있는 곳에서 일하고 싶다.'
• **지원자 6번의 생각** : '나에게는 직업 그 자체가 내가 살아있는 이유이다. 직업을 통해 나의 존재목적을 달성하는 것으로 생각한다. 그래서 어떤 어려움이 있어도 일하는 삶을 받아들이고 최선을 다해 노력할 것이다.'

이처럼 지원자들의 생각과 속마음은 다르겠지만, 아마도 답변은 비슷하게 나왔을지 모른다. "회사를 통해 성장하고 싶습니다. 직업을 통해 세상에 기여하고 싶습니다." 그러나 우리는 알고 있다. 눈앞의 다수를 일순간 속일 수는 있지만, 옆에 있는 소수를 오랜 시간 지속해서 속이기는 어렵다는 것을. 결국, 언젠가는 마음속 생각이 그 삶으로 드러나게 될 것이다.

직업을 구하는 목적이 돈과 성공이었던 사람은 연봉에 만족하지 않거나, 경쟁에 밀렸다고 생각되면 회사를 옮길 것이다. 직업을 구하는 목적이 자아실현, 자기발전인 사람은 아무리 높은 연봉이 주어지더라도 기계의 부속처럼 일하고 있는 자신을 발견하게 되면 심각한 고민을 하게 될 것이다. 어떻게 생각하느냐가 어떻게 사느냐를 결정한다. 그래서 앞서 아버지들에게 제시한 15개 인터뷰 질문 중 10번, 11번, 12번,

13번은 행복관, 재정관, 성공관, 결혼관 등의 가치관을 물어보고 있는 것이다.

〈13. 나에게 결혼이란 무엇인가? 배우자 선택의 우선순위는 무엇인가?〉

결혼관 : 부모를 만나는 것은 주어진 것이지만, 배우자는 인생의 정점을 결정짓는 자신의 선택요소이다.(배우자상의 우선순위 나열)

〈12. 나에게 있어 성공이란 무엇인가?〉

성공관 : 자신이 생각하는 성공의 개념과 성공의 방법을 말한다. 이것이 있어야 성공 이후의 삶도 보인다.

〈11. 나는 돈에 대해 어떤 마인드를 가지고 있는가?〉

재정관 : 돈을 버는 이유, 버는 방법과 태도, 돈을 쓰는 방식, 소유와 나눔의 철학(이 철학에서 모든 경제행동이 나온다)

〈10. 나는 무엇을 할 때 가장 행복한가?〉

행복관 : 사명만으로 사는 삶은 다소 무겁다. 삶의 희열이 넘치는 순간, 이슈, 포인트가 필요(생각만 해도 에너지가 넘치는 삶의 열정)

너무 거창한 주제인가. 이러한 질문에 스스로 답변해보아야 자녀에게 설명이 가능하다. 너무 겁먹지는 말자. 쉬운 것부터, 일상적인 질문부터 설명하는 연습을 해보자. 자녀에게 이유를 설명해주는 습관이 중요하다. “아버지, 공부는 왜 하는 거예요?”라고 자녀에게 질문을 받은 부모가 있는가. 여기에 대해 가장 무심한 말이 있다. “쓸데없는 생각하지 말고 공부나 해!” 설명을 하긴 하는데 엄포를 놓기도 한다. “먹고살려면 공부해야 돼. 안 하면 나중에 후회한다.” 하지만 절대 하지 말아야 할 말이 있다. “너, 공부 안 하면 아버지처럼 된다!” 정말 거북한 표현들이다. 공부를 포기하게 하고, 공부를 억지로 하게 만들며, 공부를 적으로 만드는 말들이다. 그렇지만 그러한 아버지를 이해 못 하는 것도 아니다. 아버지 자신도 설명을 충분히 듣지 못했거나 비슷한 설명을 들으며 성장했기 때문이다.

한 노인과 젊은이의 대화 장면을 소개한다. 이 대화는 우리가 가진 일반적인 설명이 얼마나 빈약한지를 다시 한번 되돌아보게 한다.

자네는 꿈이 뭔가? 노인이 물었다.

네? 꿈이요? 솔직히 말씀드리면 금융권, 대기업에 입사하는 건데요.

그 말을 듣고 노인은 잠시 차 한 잔을 들이켠 뒤 말한다.

아니, 그런 거 말고 ‘꿈’ 말이야.

어떤 직업을 갖는 거, 그게 꿈일 수는 없지 않은가.

젊은이는 머리를 긁적이며 멋쩍은 미소와 함께 말했다.

아니, 전 그게 꿈인데요.

바로 그때, 노인이 결정적인 질문을 던진다.

그럼, 회사 들어가면 자네의 꿈은 이루어지는 건가?

…….

말문이 막히고 말았다. 잠시 침묵이 흐른 뒤 젊은이가 말했다.

그때 가면 다른 꿈이 또 생기겠죠.

그것 참 편하군. 내가 보기에 자네가 말한 그 꿈은 계획에 지나지 않네.

그리고 그 계획도 자네 스스로 짠 게 아니지.

잠시 침묵하던 젊은이가 말했다.

무슨 말씀이신지 감이 오네요.

노인은 말을 이어간다.

어렸을 때 어른들이 그런 질문을 하지. '넌 이다음에 커서 뭐가 되고 싶냐고.'

그때 자네가 했던 대답이 대기업 직원은 분명 아니었을 거란 말이야.

노인의 말에 젊은이는 웃으며 답변했다.

하하하. 그건 그렇죠. 9급 공무원도 분명 아니고요.

그런데….

잠시 젊은이 머뭇거린다. 뭔가를 말하기가 부담스러운 듯하다. 결국, 입을 열었다.

그런데… 꿈이… 밥 먹여 주지는 않잖아요.

젊은이의 말을 듣고, 노인이 마지막으로 이야기했다.

죽기 직전에… 못 먹은 밥이 생각나겠는가. 아니면 못 이룬 꿈이 생각나겠는가?

젊은이는 아무 답변도 하지 않았다.

아버지가 좋아하는 것을 말해보자

꿈에 대해, 인생에 대해, 행복에 대해, 성공에 대해, 결혼에 대해, 가정에 대해 아버지는 먼저 충분히 고민하고 설명을 준비해야 한다. 그런데 이런 모든 설명을 위해 먼저 거쳐야 하는 것이 있다. 15개의 질문 중 7, 8, 9번이다. 강점, 기질과 역할, 성향 등은 자신이 좋아하는 것, 잘하는 것, 편안하게 느끼는 것을 말한다. 이를 토대로 직업분야, 일하는 방식, 세상에 기여할 방법 등 직업인으로서의 자아상이 탄생하는 것이다. 세 가지 질문과 각각의 의미를 살펴보자.

〈9번 나는 사람과의 관계 속에서 어떤 모습이 편안한가?〉

성향 : 다른 것은 틀린 것이 아니다. 사람 속에서 섞여가는 나만의 성향 색깔을 확인한다(에너지 흐름, 인식, 판단, 생활방식의 차이).

〈8번 나는 사람들 속에서, 또는 조직 안에서 어떤 위치와 역할에 있을 때 가장 행복한가?〉

기질과 역할 : 자신이 지도자의 삶을 사는 것이 행복한지, 조력자의 삶을 사는 것이 행복한지 다양한 기질 중 자신에게 가장 잘 맞는 역할 타입(가족, 직장, 기관 등의 영역 속에서 돕는 모습).

〈7번 나는 나의 재능을 알고 있는가. 또는 나의 강점은 무엇인가?〉

강점 : 타고난 재능, 객관적 능력 자산과 후천적으로 개발된 직업선택의

기초항목(음악, 미술, 체육, 언어, 논리, 자연친화 등).

강점은 잘하는 것을 말한다. 다른 말로 하면 재능이다. 이를 확인하는 가장 쉬운 방법은 다중지능검사이다. 검사가 불편하다면 더 쉬운 방법이 있다. 성장과정의 자신을 관찰하거나, 주변사람에게 들은 칭찬들을 점검하는 것이다. 기질과 역할은 자신의 일하는 방식, 행동하는 패턴 등에 해당한다. 이를 확인하기 위해서는 애니어그램, 디스크 또는 지문적성 등이 일반적으로 활용된다. 성향은 성격유형검사를 통해 확인하는 것이 일반적이다. 이러한 검사를 하는 것이 쉬운 일은 아니다. 또 검사를 좋아하지 않을 수도 있다. 중요한 것은 자신이 어떤 일을 할 때 열정이 생기고, 일이 착착 달라붙으며 성과가 발생하는지, 또 어떤 방식으로 일할 때 가장 편안함을 느끼는지 아는 것이다. 이런 자기이해를 통해야만 자신의 분야, 직업, 직무, 부서, 역할 등에 매칭이 올바르게 일어나고 행복할 수 있다.

그런데 이것은 매우 거창한 분석을 거칠 필요는 없다. 그저 자신이 정말 좋아하는 것을 인식하면 된다. 그리고 자신이 정말 잘할 수 있는 것을 알고 있으면 된다. 그래서 한 가지 방법을 제안해본다. 좋아하는 것과 잘하는 것을 목록으로 적어보는 것이다. 필자가 일상에서 좋아하는 것과 잘하는 것을 생각나는 대로 적어보았다.

〈필자가 좋아하는 것〉

생각하며 거실 걸어 다니기, 강의하는 곳 미리 가서 가장 맛있는 커피숍에서 강의준비하기, 배스킨라빈스 아이스크림 퍼먹으며 영화 보기, 아들과 체스하기, 가족과 홈플러스 가서 닭꼬치 먹기, 거대한 화이트보드에 가득히 메모하기, 배송받은 새 책 꺼내서 냄새 맡기, 커피숍에서 딸 사진 보며 미소 짓기, 집에 들어가자마자 세 아이를 한 명씩 안아서 얼굴 비비기, KTX 타고 가며 창밖 쳐다보다가 글쓰기, 밤늦게 집에 들어가면서 치킨 주문해서 먹을 때, 연속적으로 3시간 이상의 조용한 시간이 확보될 때, 새벽부터 일어나 치열하게 하루를 준비하고 해 뜰 무렵 라면 먹을 때, 아무도 없는 공간에서 바닥에 바짝 엎드려 기도하기, 산에 올라 그 산 너머 바다를 보는 순간, 낯선 곳에서 걸어보기, 강의를 다니며 아침 점심 저녁을 모두 다른 지역에서 먹기, 합창단에서 노래하기, 무심코 읽은 책에서 너무나 소중한 내용을 만나기, 막내 아이 무릎에 앉히고 한 장 한 장 책 읽으며 함께 대화하기, 통장에 강의료 들어왔다는 문자 보는 순간. 정말 눈물이 나오려고 할 때 참지 않고 울기, 비 오는 새벽에 차 안에서 차 지붕에 부딪히는 빗방울 소리 듣기, 눈을 떴을 때 문득 내가 살아있다는 느낌에 감사하기, 새벽에 집을 나설 때 가족 얼굴 한 번씩 쳐다보기

〈필자가 잘하는 것〉

날 잡아 책상 정리하기, 영화보고 명대사 기억하기, 강의하는 무대에 올라가서 떨지 않은 척하기, 한 번 만났던 사람 기억하기, 사람의 외모에 작은 변화 알아차리기, 사람의 강점 찾기, 고민을 들어주고 가슴 깊이 공감하기, 고민되는 상황 듣고 문제의 핵심 찾아내기, 강의 장소에 가장 먼저 도착하기, 어떤 장소에서도 유머와 소통의 코드 빨리 찾아내기, 횟집에 가서 알코올 없이 상추도 싸지 않고 오직 회만 먹어대기, 5분 안에 A4용지 1장의 글 완성하기, 벽지만한 화이트보드에 가득 지식 그리기, 슬라이드 사

용하지 않고 그 자리에 서서 말로만 8시간 강의하며 떠들기, 휴일에 영화 몰아서 5편 보며 내용 헷갈리지 않기, 책 한 권 1시간에 읽기, 커피숍에 혼자 앉아서 매우 멋있는 척하기, 밤을 새고 면도 안 하고 지저분한 모습으로 강의 가서 터프한 척하기, 앞에 있는 사람의 고민을 듣고 이론과 경험을 활용하여 고민 해결해주기, 눈빛과 목소리로 사람에게 진심을 전달하기, 매우 진지한 표정으로 사람 웃기기, 한 가지 목표를 정해서 그 목표를 향해 달려가기, 짧지만 깊이 있는 코멘트 만들어내기, 한 번만 먹어보고 음식 품평하기, 한 가지 주제에 대해 짧은 시간 안에 다양한 지식 끌어모아 내용구성하기, 정말 사고 싶은 IT기기가 나오면 끝까지 노리다가 결국은 구입하기, 정말 말을 잘하는 사람의 말을 듣고 그 자리에서 특징을 찾아 카피하기, 논리와 감성을 결합하여 지식전달하기, 합창곡을 부를 때 단 한 번에 곡을 소화하기, 멋진 목소리의 보컬 듣고 그 특징을 잡아내기, 커피빙수 빨리 먹기, 닭꼬치 그 자리에서 10개 먹기, 책 한 권을 간단하게 살피고 마치 다 읽은 것처럼 다른 사람에게 소개하기, TV보지 않고도 TV이야기 함께 나누기, 메모하지 않고 머릿속으로 2시간 분량의 강의 콘티 외우고 적용하기, 앞에 있는 사람의 모습만 보고도 그 마음의 슬픔을 공감하기, 앞에 있는 사람에게 진심 어린 신뢰주기, 통장에 있는 돈 빠른 시간 안에 사용하기

좋아하는 것을 하지 못한다면

자녀들은 직업인으로서의 아버지를 바라보며, 직업에 대한 상(像)을 배운다. 아버지의 언어를 통해 직업을 해석하기도 한다. 일반적으로 부모는 자녀의 진로에 개입하는데 부모의 직업에 따라 개입 정도는 차이가 난다. 안타까운 것은 부모의 소득 격차에 따라 자녀의 진로 개입 정도가 달라진다는 점이다.

그런데 개입은 하는데 막상 자녀가 물어보면 당황스럽다.

"아버지, 저도 아버지와 같은 직업을 가져도 될까요?"

이런 질문을 받은 직장인 중에 69.3%는 '반대' 의사를 밝혔다. 제조생산직은 79.9%가 반대하였고, 서비스직군은 75.5%, 영업 및 관리직은 74.1%, 인사총무직은 69.2%, 연구개발직은 67.2%, IT정보통신직은 62.8% 등 자녀가 부모와 같은 직업을 가지는 것에 반대하였다. 반대하는 이유는 소득, 발전가능성, 업무량, 정년보장 등이 높은 순위로 나왔다.

이상하다. 자녀의 진로에 관심을 가지고 개입은 하는데, 부모 자신의 직업은 절대 따라오지 말라고 한다. 이를 다르게 표현하자면 아버지의 직업을 따라오지 못하게 하려고 개입하는 것이다. 더 심하게 표현하면, 아버지처럼 살지 않게 하려고 자녀의 진로에 개입한다는 것이다.

"꿈이 뭐니? 궁금하구나. 그런데 ○○야, 아버지가 하는 직업은 절대 하지 마! 꼭이야!"

어디서부터 잘못된 것일까? 자신이 좋아하는 것과 자신이 잘하는 것을 알고 그것으로부터 자신의 일을 찾지 못해서일까. 대개의 아버지들은 자신의 직업이 평생 할 만한 '천직'이라고 생각하지 않는다.

그 이유는 네 가지로 나타났다. 평생 할 수 있는 직업이 아니기 때문이라는 이유가 가장 높았고(43%), 다음으로는 원했던 일이 아니어서(32.7%), 재미가 없어서(26.6%), 그리고 적성에 맞지 않아서(17.2%)였다. 쉽게 말해서 지금 하는 일은 자신이 좋아서, 그리고 잘할 수 있어서 선택한 일도 아니고 적성에 맞지도 않는다는 말이다.

그럼 왜 그 일을 하고 있을까. 일단 선택을 돌이키기가 쉽지 않아서다. 그렇게 맞지 않는 직장에 왜 오늘도 가냐고 물으니 '가족을 위해 돈을 벌어야 하기 때문(66.2%)'이라고 답하였다. 그래서 물었다. '자신의 천직을 찾아 현재의 직장을 떠날 의향이 있나요?'라고 했더니 할 수만 있다면 그러고 싶다(69.6%)고 했다.

출퇴근을 하는 직장인 10명 중 9명(88%)은 실제로 사표를 내고 회사를 떠나고 싶은 충동을 느낀다고 한다. 언제 그런 생각이 드는지 물어보았다. 1위는 '내가 지금 여기서 뭐 하는 건가 싶은 생각이 들 때'(37.50%)라고 했다. 그러나 그들 중 대부분은 사표를 제출하지 못한다. 간혹 참다못한 옆 동료가 사표를 내는 모습을 보면 어떤 생각이 들까. '조금만 더 참지 무모하다'(24.0%), '솔직히 부럽다'(22.0%), '내 속이 다 후련하다'(12.0%) 등이다. 정작 본인은 왜 사표를 내지 않느냐고 물어보았다. '당장 닥쳐올 경제적인 문제 때문에'라고 답한 사람이 제일 많았다(48.0%).

 아직 기회가 있는 아버지라면

이 책은 자녀교육을 위한 아버지의 역할 그리고 아버지의 행복에 대한 글이다. 그런데 필자는 아직도 자녀교육의 기준을 꺼내지 못하고 있다. 자녀를 인재로 키우는 '인재상'에 대해 시작도 못 했다. 왜냐하면, '아버지상'에 대해 먼저 정리를 해야 하기 때문이다. 아버지가 행복해야 자녀를 통해 자신의 못다 이룬 꿈을 투사하며 부담을 주지 않기 때문이다. 그리고 가능하다면, 할 수만 있다면 아버지의 행복을 추구하도록 돕기 위해서이다.

한때 미국을 중심으로 보케베케(Vocation-vacation)라는 용어가 생기고 유행처럼 번진 문화가 있었다. '보케베케'는 천직을 의미하는 '보케이션(Vocation)'과 휴가를 뜻하는 '베케이션(Vacation)'이 결합된 말로, '천직을 찾아 떠나는 휴가'를 뜻한다. 인생의 하프타임을 갖고 나머지 인생만큼은 정말 좋아하는 일을 하고 싶다는 의지이다.

바야흐로 호모 헌드레드(Homo Hundred)시대 즉 100년 인생시대가 도래하였다. 호모 헌드레드시대의 생존을 위해서는 필수 조건이 있다. 스스로 호모 워커스(Homo-Workers)가 되어야 한다는 것이다. 즉 관에 들어갈 때까지 일을 해야 한다. 따라서 이제는 직업과 직장에 대한 생각을 180도 바꿔야 한다. 평생직장이 아닌, 평생직업을 만들어야 한다. 즉 삶의 축을 '직장인 모드'에서 '직업인 모드'로 바꿔야 한다. 한 사람이 100년 동안 몇 개의 직업을 가질 수 있을까? 아마 평균적으로 6~7개 정도 될 것이라고 한다.

어떤 기준으로 어떤 분야 '업'을 택해야 할까. 나는 대학생들을 대상으로 자기탐색을 통한 직업탐색 수업에서 자신의 탐색결과와 직업매칭을 보여주었다. 좋아하는 것과 잘하는 것, 스스로 잘한다고 생각하는 것과 타인이 잘한다고 인정해주는 것, 혼자 있을 때 가장 자연스럽고 편안한 것 그리고 사회에 속해도 편안하고 자연스러운 것, 가장 소중히 여기는 가치를 알고, 사회 속에서도 그 가치를 지킬 수 있는 것…. 이 정도를 충분히 알고, 그에 맞는 분야와 직업, 그리고 직무를 갖는 것이 중요하다. 여기에 연봉과 안정성은 조건이 아니라 결과로 따라오는 것이어야 한다.

필자가 평생 꿈꾸는 자신의 모습(像)은 책을 읽고, 생각하며, 글을 쓰는 것이다. 바로 그 순간이 '온전한 행복'이다. 할 수만 있다면 이런 모습으로 일할 수 있는 직업을 꿈꾸었다. 이것이 바로 '직업의 기초'에 해당한다. 하지만 이것이 단번에 이루어지기는 어렵다. 꿈이 이상적일수록 더더욱 갈 길은 멀 수 있음을 인정해야 한다. 무던하게 인내하면서 자신의 커리어에 따라 이 기초를 적용하는 것이다.

나도 처음 직장생활을 시작했을 때는 이렇게 최적의 업(業)을 하기 쉽지 않았다. 솔직히 그때는 매우 괴로웠다. 그래도 인내하였다. 쉽게 말해 말단으로 취직해 영업 일을 줬을 때 자신은 강의하는 일이 제일 잘 맞는다고 주어진 영업 일을 소홀히 할 수는 없다는 것이다. 지식을 다루는 일을 하고 싶었지만, 내가 정말 하고 싶은 공부를 잠시 내려놓고 직무와 관련된 책을 먼저 읽고, 생각하며 메모를 하였다. 사회 초년생이기에 딴짓을 하면 안 되는 시기라고 판단했고 나름의 절충을 한 것이다.

이후 경력이 조금 쌓이고 중간 커리어에서는 잘 맞는 교육 분야로 자리를 옮겼다. 그 시기에는 업무와 관련하여 읽는 책이 내가 좋아하는 책이고, 생각하는 것이 곧 업무였다. 하지만 그 시기에도 글을 쓰고, 책을 집필하는 것은 직무 이외의 영역이었다. 회사에 일찍 가거나 퇴근 시간 이후에 따로 글을 써야 했다. 그러다 시간이 더 흘러 내공과 사회적 위치가 달라지니 그때부터는 읽고, 생각하고 글을 쓰는 것이 나의 유일한 업무이자, 가치와 상품이 되었다.

자신이 좋아하고 잘하는 것을 하는 것이 곧 삶이 되었고, 그것이 곧 직무가 되었다. 그것이 곧 가정의 문화가 되었으며 인생이 되었다. 즉, 내가 정말 행복한 일이 나의 삶이 되었다. 결국, 이것이 내가 죽은 이후 유산이 될 것이다. 어디서부터 출발해야 할까? 간단하다. 자신을 알면 된다. 자신에 관한 설명을 준비하면 된다.

자신을 설명하는 연습을 시작하다

나는 이제 나에 대한 설명이 가능하다. 내가 정말 좋아하는 것은 책을 읽고, 생각하며, 글을 쓰는 것이다. 지식을 탐구하고 그 결과를 가치로 만드는 것이다. 이 과정에서 나의 강점은 언어적인 사고와 표현력으로 소통하는 것이다. 내 성격은 이러한 일을 하기에 최적화되어 있다. 조용하고 정적인 성향이다. 물론 사회적인 모습은 정반대인데, 나를 아는 사람은 다 알고 있다. 내가 정말 내성적인 사람이라는 사실을 말이다.

자신의 강점을 잘 알고, 이를 구체적으로 설명하여 인생을 바꾼 사례가 있다. 〈1년 안에 행복한 부자가 되는 지혜〉에 소개된 내용이다. 존 웨슬리 애시톤이라는 대학생은 졸업을 앞둔 어느 날 일간신문에 자신의 광고를 직접 싣는다.

> 공학기술 분야의 최고경영자 귀하!
>
> 한 공대 졸업생이 한 달 동안 무보수로 일하면서 회사에 쓸모가 있는지

> 보여주고 싶은데 허락하시겠습니까?
> 저는 귀사에 성실, 신뢰, 인내, 동료와의 친화력, 지칠 줄 모르는 열정, 호감 가는 성격, 시간엄수, 배움에 대한 지속적인 열정, 그리고 공대를 졸업한 학업성적을 보여줄 수 있습니다.

이후 그는 수많은 회사로부터 300통의 편지를 받았고, 가장 가고 싶은 회사에 입사하였다.

자신에 관해 설명 가능한 언어를 준비하는 것이 필요하다. 자신에 관해 설명할 준비가 되어 있지 않으면, 타인이 원하는 기준으로 자신을 만들어가게 된다. 불행은 거기서부터 출발한다.

> "공부하기 위해 대학을 가야 하는데, 대학을 가기 위해서 공부합니다. 또 졸업 때가 되니까 자기 삶의 목표를 이루기 위한 과정으로서의 직업을 선택해야 할 텐데, 취업을 위한 공부를 하고 있습니다. 이건 코미디입니다. 자기계발을 할 수 있는 그런 기회를 주는 직장을 찾아가야 할 텐데, 급여 얼마 주냐, 상여금 얼마 주냐 이거 보고 들어가지 않습니까?
> 지금 우리 회사에서는 신입사원들을 대상으로 공부가 뭐고 지식이 뭐고, 변화가 뭐고, 정보가 뭐고… 이걸 지금 다시 가르치고 있습니다."

〈SBS 그것이 알고 싶다〉 '책 안 읽는 사회' 편에 소개된 기업 CEO의 인터뷰는 두고두고 잊히지 않는다. 이러한 코미디를 막을 책임이 아버지들에게는 있다. '공부하는 이유, 대학 가는 이유, 직업을 얻어야 하는 이유' 등을 아버지의 말과 삶으로 설명할 때, 자연스럽게 자녀는 '이유

있는 삶', '설명이 가능한 삶'을 추구하게 될 것이다.

농협, 매트라이프 등의 금융업계와 경찰서를 비롯한 다양한 공공직종 주변에서는 심심치 않게 '자녀대상 부모직업체험' 행사소식이 들린다. 아버지가 어떤 일을 하며, 어떻게 노력하는지 직접 체험함으로써 서로를 이해하고 소통하는 자리를 마련하는 것이다. 매우 유익한 행사라고 생각한다. 자녀가 아버지의 일과 삶을 이해한다는 것, 자녀에게 그것을 이해시킨다는 것은 어렵지만, 매우 가치 있는 교육이다.

이러한 움직임이 소중하다는 것은 지금까지의 문화가 철저히 가정과 직장이 분리되었다는 것을 말하고 있다. 이러한 단절은 부작용을 낳는다. 아버지는 밖에서 매우 열정적이고, 친절하며, 감성이 풍부하다. 그런데 집에 오면 다른 사람이 된다. 그러려고 그랬던 게 아닌데 그렇게 되어버린다.

밖에서 인기가 많은 김 과장은 업무를 모르는 후배 직원에게 친절하게 설명해준다. 그 직원이 당장 뭔가를 잘 해내지 못하더라도 화내지 않고 차근차근 설명하고 과정을 관찰하며 기다려준다. 그리고 격려한다. 이젠 집에서도 그런 모습으로 살았으면 한다. 나부터 그렇게 노력을 부지런히 하고 있다. 쉽지는 않다. 하지만 이러한 변화를 위해 용기를 낸다면 이미 큰 산을 넘은 것이다. 그러나 아직 작은 언덕이 남아 있다. 일상의 친절한 설명을 위해 우리 앞에 있는 작은 언덕을 넘어야 한다. 그것은 소재의 문제, 방법의 문제이다.

설명하려고 마음만 먹으면 소재는 많다

〈여왕의 교실〉이라는 일본드라마가 유행한 적이 있다. 한국 버전으로 리메이크될 정도였다. 일본 버전의 시리즈 중 잊히지 않는 장면이 있다. 무서운 선생님 앞에서 한 학생이 거의 목숨을 걸었을 법한 표정으로 용기를 내어 질문한다.

"선생님께 드릴 질문이 있어요. 저희는 왜 공부를 하는 건가요? 요전에 선생님께서 말씀하셨죠? 아무리 공부를 해도 좋은 대학, 좋은 회사에 들어간다고 해도 그런 건 아무 의미도 없는 거라고. 그럼 왜 공부를 하지 않으면 안 되나요?"

선생님은 이렇게 대답한다.

"왜 아직도 그런 걸 모르고 있는 거죠? 공부는 하지 않으면 안 되는 것이 아닙니다. 하고 싶다고 생각하는 것입니다. 이제부터 여러분들은 모르는 것이나 이해할 수 없는 일들을 아주 많이 만나게 됩니다. '아름답구나'라든가 '즐겁다든가', '신기하네'라고 생각하는 일들과 아주 많이 만나게 됩니다. 그럴 때 좀 더 그것에 대해서 '알고 싶다', '공부하고 싶다'라고 자연스레 생각하게 되는 것이 '사람'입니다. 호기심이나 탐구심이 없는 사람은 사람이 아닙니다. 원숭이보다 못해요. 자신이 살아가고 있는 이 세계를 알려고도 하지 않고 뭘 할 수 있다는 겁니까?

아무리 공부를 했다고 해도 살아가는 이상은 모르는 것들은 아주 많이 있습니다. 이 세상에는 뭐든지 다 아는 듯한 얼굴을 하는 어른들이 많이 있지만 그런 사람은 못난이들입니다. 좋은 대학을 들어갔든지 좋은 회사에 들어갔든지, 나이가 몇 살이 되었든지 공부를 하고자만 한다면 얼마든지 할 수 있습니다. 호기심을 잃어버린 순간 인간은 죽은 거나 다름없습니다. 공부는 수험(시험)을 치르기 위한 것만이 아닙니다. 훌륭한 어른이 되기 위해서 하는 것입니다."

나름 괜찮은 답변이다. 공부는 어떤 시기 안에만 갇혀 있는 것이 아니라, 인생 전체의 과정이라는 것이다. 공부는 시험을 치르기 위한 것이 아니라, 훌륭한 어른이 되기 위한 과정이라는 것이다. 공부는 자신이 살아가는 세상을 알아가고자 하는 호기심 그 자체라는 것이다. 공부의 시기와 목적 그리고 내용을 담아내고 있는 명문장이다.

진리는 생각보다 단순하고 유치하다. 매일 자녀를 앞에 앉혀 놓고 강의하듯 설명을 하는 그런 그림은 아니라는 것이다. 생활 중 적절한 시기에 질문을 던지고, 질문을 받으면서 대화하는 그런 '분위기' 그런 소통의 '관계'를 강조하는 것이다. 이를 위해 한 가지는 절대 하지 말아야 한다고 당부하고 싶다.

친절하게 설명하는 아빠가 되겠다고 작정을 하고 나니, 하고 싶은 이야기가 너무 많다. 마음이 급한 나머지 이전에 자녀에게 비친 자신의 모습이 어떠했는지는 전혀 생각하지 못한 채 갑자기 태도를 바꿔 들이댄다. 그래서 말리고 싶은 한 가지는 이런 장면이다.

"ㅇㅇ야, 아버지가 할 얘기가 있다. 이리 와서 앉아 봐."

갑작스런 아버지의 변화에 아이는 당황스럽다. 그것도 첫날이니까 당황스럽지, 다음 날도 부르면 이제 짜증이 나기 시작하고, 그다음날도 부를 것 같으면 자는 척하며, 그다음날도 계속 부를 것 같으면 갑자기 '야간자율학습'을 신청할 것이다.

순차적으로, 자연스럽게, 물 흐르듯이, 그리고 인위적이지 않은 상황에서 시도해야 한다. 대화의 불쏘시개가 필요하다. 대화의 타이밍이 적절해야 한다. 가령, 가족과 함께, 아버지와 함께 영화를 보러 가보자. 영화를 본 뒤 돌아오면서 대화를 하거나, 집에 와서 영화를 본 이야기와 함께 자연스럽게 대화를 유도하면 좋다.

'공부하는 이유, 인생의 목적, 아버지가 행복한 것들, 타인과 세상을 살펴야 하는 이유, 가족의 소중함.'

이런 어마어마한 가치들은 대부분 뻔하고 유치하며 단순하고 추상적이다. 이런 말을 영화 속에서 이병헌의 연기와 목소리로 듣거나, 리암 니슨의 목소리로 들으면 전율이 오는데, 아버지의 언어로 하기는 너무 어색하고 쑥스럽고 닭살이 돋는다.

그렇지만 아버지가 하지 않으면 아무도 하지 않는다. 아버지가 해야 평생 새겨진다는 것을 명심하자. 아버지와 대화하는 자녀는 스스로 동기를 만들어내고, 스스로 조절하는 힘이 키워지며, 학습의 성취를 이루는 힘도 커진다. 한국청소년정책연구원 보고서에 따르면 아버지와 자주 대화를 하는가에 대한 설문조사에서, 상위권 학생들은 49.5% 분포를 보였고, 하위권 학생들은 37.4%에 그쳤다. 물론 그 과정의 인과관계는 더 분석해봐야 하겠지만, 성장기에 아버지와의 교감, 소통, 연대는 분명 긍정적인 요인이 된다는 것에는 이견이 없다. 따라서 아버지는 더 적극적으로 자녀와 대화하고, 설명하는 타이밍을 찾아야 한다.

어느 날, 치킨을 먹고 있는 아들의 모습이 너무 행복해 보였다.

"민수야, 먹는 모습이 정말 행복해 보이네."

"정말 맛있어요. 완전 행복해요!"

치킨을 다 먹을 무렵, 그 행복을 바라보는 내 마음이 더 행복하여 이야기를 꺼냈다.

"민수야, 음식을 먹는 즐거움은 정말 감사하고 눈물겨운 행복이다. 그 행복조차 누리지 못하는 사람이 너무나 많기 때문이다. 그러나 그 행복은 배가 불러 포만감이 생기면 곧 사라진단다. 배부른 행복은 금방 사라지는 것이지만, 우리 삶에는 좀 더 긴 시간 남겨지는 행복이 많이 있단다."

"그게 뭔데요?"

"좋은 음악 한 곡을 들으면, 일주일 한 달이 지나도록 그 음악이 귓가에 맴돌면서 아름다운 향기를 만들어준다. 이것이 음악의 행복이다. 그런데 정말 감동적인 영화 한 편을 보면 그 영화가 만들어낸 마음속 '깊은 울림'이 쉽게 사라지지 않는다. 어쩌면 푸르름을 간직한 자연의 한 계절이 다 지나가도록 그 영화가 만들어낸 행복이 자신의 삶을 채우는 것을 깨달을 수 있다. 이것이 영화가 주는 행복이지."

아이가 눈도 깜박이지 않고 아버지의 말을 듣고 있다.

"아버지! 더 큰 행복도 있어요?"

"좋은 책 한 권, 그 한 권의 행복이 있다. 자신의 모습을 깨닫게 하는 그런 책 한 권을 읽으면 그때의 행복은 푸르른 강산이 모습을 새롭게 하는 10년 혹은 그 이상의 세월 동안 네 인생에 너와 함께 동행할 것이다. 이것이 책이다."

이쯤 되니 아들 녀석의 눈에 폭풍 같은 감동의 눈물이 글썽인다. 아버지를 닮아서 감성이 풍부하다 못해 흘러넘친다.

"이것이 전부는 아니란다. 사람으로 태어나 흙으로 돌아가는 일생 전체를 행복하게 만드는 것이 있단다. 바로 좋은 사람과의 '만남'이다. 음식, 음악, 영화, 책은 자신의 의지와 노력이 있다면 그래도 만들어낼 수 있는 행복이지만, 만남은 그렇지 않단다. 마음처럼, 혹은 뜻대로 되지 않을 수도 있기 때문이다. 그래서 더없이 소중한 행복이다. 이런 만남의 행복을 네가 알았으면 좋겠구나."

"……."

아들이 특별한 코멘트가 없다. 생각의 파도가 밀려오고 있나 보다. 바로 그때 나는 꼭 하고 싶었던 말을 꺼냈다.

"그런데 말이야…."

"그런데 그다음은 뭐예요?"

"그런데… 아버지는 너를 만나서 행. 복. 하. 다."

아들이 눈물을 주르르 흘리고 있는 것을 곁눈으로 보고 자리에서 일어났다. 잠시 행복을 곱씹을 시간을 주었다.

의미를 설명하면 아이의 마음에 씨가 자란다

지인의 자녀를 만난 적이 있다. 공부가 싫다고 한다. 왜 공부를 해야 하는지 이유를 모르겠단다. 그러니 자꾸 강요하지 말란다. 너무 힘든 나머지 지인이 나를 호출한 것이다. 그래서 그 아이와 함께 밥을 먹고 커피숍에서 대화를 시작했다.

"공부하기 싫지?"

"네."

이게 대화 전부였다. 뭔가 한바탕 설명을 들을 줄 알았던 아이는 당황하는 눈치였다. 나는 아이패드를 꺼내 일본 드라마 한편을 보여주었다. 그조차도 함께 보지 않고, 나는 잠깐 전화를 받는 척하며 나가버렸다. 무슨 강의영상을 보여주었을 거라 예상하는가? 절대 그렇지 않다. 일본 드라마 중에서도 청소년 매니아층이 있는 〈태양과 바람의 교실〉을 건네준 것이다. 내용은 이렇다.

교사가 먼저 충격적인 멘트를 날린다. 입시공부는 아무짝에도 쓸모없다고 말한다. 이 말을 듣고 학생이 깜짝 놀라 물어본다. "그럼 공부를 안 해도 된다는 건가요?"라고 묻는다. 이 질문에 교사는 "그래도 공부는 하는 게 좋다"고 말한다. 앞뒤가 맞지 않는 이야기 같다. 쓸모없는 공부를 하라는 이야기이다. 어리둥절해 하는 학생들에게 교사는 설명을 이어간다. 이 설명이 아주 근사하다.

"공부는 하는 게 좋다. 설사 99%의 노력이 헛수고가 되더라도, 1%밖엔 보상받지 못한다 하더라도 온 힘을 다한 이에게 그 1%는 100%나 진배없지 않을까. 나도 예전에 너희들과 똑같은 의문을 가졌었다. 시험공부는 무의미하다고, 나중엔 전혀 쓸모없을 공부를 왜 해야 하는 거냐고….

하지만 지금은 딱 하나 생각하는 게 있다. 나한테 공부는 '보물찾기'를 위한 여행이 아니었을까 한다. 보물이 어디 감춰져 있을진 아무도 모른다. 찾아낼 때까진 헛수고의 연속이지. 그렇지만 그게 헛수고라고 여행을 포기하면 그걸로 끝이다. 바로 한 발 앞에, 보물이 묻혀 있을지도 모르는데 발견도 못한 채 끝나고 마는 거다. 상상해봐라. 1% 보물을 찾아냈을 때를. 99%의 헛된 노력 앞에 보물은 있다. 헛된 노력은 헛수고가 아닌 거다."

공부는 인생의 '보물찾기'라는 것이다. 막상 그 시기를 지나가고 있는 학생들은 '무슨 꼰대 같은 소리야'라고 비웃을지 모른다. 이 시기의 학생들에게 판단의 기준은 의미에 있지 않고 재미에 있기 때문이다. 그들에게 지루함은 곧 죄악이다.

사람의 일이라는 게 운명을 가르는 것은 '선택'의 종이 한 장인 경우가 많다. 보물을 찾다 찾다 못 찾고 발길을 돌리는 순간 우리는 생각한다. 혹시 내가 발길을 돌리는 그다음 지점에 보물이 있으면 어떡하지. 너무 억울하지 않을까. 뭐 이런 갈등이다. 이런 갈등 때문에 한 걸음 더 걸어서 참고 참고, 도전하고 도전하는 것이다. 공부란 것이 바로 이런 것이라고 〈태양과 바람의 교실〉 교사가 말한다.

"지금부터 너희에게 진실을 알려주마."

"진실이요?"

"사실 학교 선생님들은 공부를 못한다."

"그게 무슨 소리예요?" 학생들은 어리둥절하다.

"너희들도 얼핏 느끼곤 있었지? 평소 너희들이 보는 시험을 선생님들이 본다면 너희들 같은 점수를 받지 못한다. 어른이 되면 공부를 못하게 된다. 그 이유는 너희들이 지금 하는 입시공부는 나중에 다시 쓸 일이 없는 것들뿐이기 때문이다. 입시공부는 아무짝에도 쓸모없다. 고생해서 들어간 대학에서 배우는 공부는 훨씬 더 아무짝에도 쓸모없다."

"선생님 그럼 공부는 안 해도 된다는 건가요?"

"아니, 공부는 하는 게 좋다."

"아무짝에도 쓸모없다면 금세 까먹을 거 아녜요?"

"그렇지, 다만…."

"다만 뭔데요?"

"벌새의 물 한 방울이라는 이야기 아니? 남아메리카 원주민 사이에서 전해지는 민담 같은 건데, 어느 날 숲에 불이 났다. 숲속 생물들은 앞다투어 도망치기 시작했지. 하지만 자그마한 벌새만은 왔다 갔다 하며 부리에다 물방울들을 담아 와선 불이 난 곳에 부었다. 동물들은 그 광경을 보며, 그런다고 대체 뭐가 달라지느냐며 비웃었다. 벌새는 이렇게 말했다. '난, 내가 할 수 있는 일을 하고 있을 뿐이야.' 벌새가 숲에 난 불을 끌 순 없을 거다. 고작 1%의 불조차도 끌 수 없을지 몰라. 그렇다고 아무것도 하지 말까? 내 생각은 아니다. 설사 99%의 노력이 헛수고가 되더라도, 1%밖엔 보상받지 못하더라도 온 힘을 다한 이에게 그 1%는 100%나 진배없지 않을까?"

한참 뒤에 다시 커피숍으로 들어왔고, 지인의 아이는 영상을 마침 다 보고 패드를 내려놓고 있었다. 나름 몰입해서 재미있게 보았다고 한다. 이제 그만 집에 가자고 서둘렀다. 아이는 뭔가 지루한 강의를 할 줄 알았는데, 일드 한편 보여주고 그냥 가자는 게 신선했나 보다. 저녁에 문자가 왔다.

"오늘 감사했어요. 재미있는 일드 보여주셔서 지루하지 않았어요."

공부의 진정한 의미를 깨달았다거나, 인생의 터닝포인트가 되었다거나 등 우리가 기대하는 다짐과 각오는 없었다. 그러나 이후 나는 그 지인에게서 그 아이의 이야기를 들었다. 조금씩 나아지고 있다는 것이었다.

의미는 새겨진다. 마음에 씨앗처럼 남겨진다. 적절한 방법만 찾는다면 아버지는 그 의미를 자녀에게 심어줄 수 있다. 이것은 아버지의 특권이다. 기억하자. 가장 중요한 가치는 단순한 것이다. 위대한 진리는 유치할 정도로 단순하다. 이러한 가치와 의미를 자녀의 마음 밭에 씨를 뿌리듯 심어주고 이해시키는 것을 절대 포기하지 않았으면 한다.

 삶을 설명하려고 멈추면, 비로소 보이는 것들

슈퍼대디가 되는 것은 어려운 일이다. 이 책은 슈퍼대디가 되기 위한 방법론을 다루는 것이 아니다. 모두 잘할 필요는 없다. 하지만, 적어도 한 부분이 무너지지 않을 정도의 균형은 필요한 것 같다. 돈을 잘 벌지만, 가정에서 소통이 단절된 존재라면 심각한 불균형이다. 또 가정에서는 너무 자상하지만, 도무지 경제적인 부양을 제대로 하지 못한다면 가족 모두에게 아픔을 주게 된다. 회사에서 워커홀릭이고 가정에서 수퍼대디인데, 그 이외의 삶이 전혀 없다면 조금씩 지쳐가기 시작할 것이다. 그러므로 건강을 위한 사회활동, 지역활동, 종교활동, 취미활동 등이 필요한 것이다.

어떤 사람이 하루는 숲속으로 산책하러 나갔다가 큰 나무를 톱으로 열심히 자르고 있는 나무꾼을 만났다. 그런데 나무꾼이 하도 끙끙거리며 애를 쓰고 있기에 다가가서 자세히 보니 톱날이 엉망이었다. 그래서 나무꾼에게 말을 건넸다.

"실례지만 제가 보기엔 톱날이 너무 무디군요. 날을 갈아서 쓰면 훨씬 일이 쉬울 텐데요."

그러자 나무꾼은 지친 표정으로 한숨을 내쉬며 말했다.

"그럴 시간이 없어요. 나는 이것을 빨리 잘게 쪼개서 장작으로 만들지 않으면 안 됩니다."

톱질에 바빠 톱날 갈 시간이 없다는 것이다.

비슷한 내용이 스티븐 코비[Stephen R. Covey]의 강의에도 나온다.

두 개의 수조가 테이블 위에 놓여 있다. 한 수조에는 입자가 작은 돌가루들이 수조의 3분의 2 정도를 채우고 있다. 다른 수조에는 큰 돌들이 들어 있다. 그리고 그 돌들에는 이름표가 붙어 있다. '계획, 준비, 가족, 건강, 봉사, 종교, 위임(책임을 나누는 것)' 등이다. 이제 청중을

한 명 무대로 불러 미션을 준다.

"자, 이 수조에는 우리의 삶을 채우고 있는 작은 일과들이 있습니다. 다른 수조에 있는 큰 돌을 이 작은 알갱이들이 있는 수조에 잘 채워주십시오. 가능하면 수조 위로 돌이 튀어나오지 않게 잘 채워주십시오."

어느 글로벌 기업에 다닌다고 소개한 한 여성이 나름대로 열심히 돌을 채우기 시작했다. 그런데 작은 알갱이들이 생각보다 촘촘하게 공간을 채우고 있어서 큰 돌이 쉽게 들어가지 않는다. 큰 돌을 모두 채워 넣으려던 청중은 결국 몇 개의 큰 돌을 포기한다. 바로 그때 코비박사가 여성이 포기하고 옆으로 치워 둔 돌의 이름을 보며 외친다.

"오우! 방금 '건강'이라는 돌을 포기하셨습니다!"

잠시 뒤, 여성은 몇 개의 돌을 더 포기하고 중간 사이즈의 돌을 박아 넣는 데에는 성공한다.

이에 코비박사는 포기한 몇 개의 돌을 다시 들어 올리며 외친다.

"이런, 가족도 포기하셨군요!"

미션에 참여한 여성은 상당히 난감해한다. 그때 스티븐 코비가 최종 한방을 날린다.

"운전하느라 바빠, 기름 넣을 시간도 없으셨죠!"

이 장면을 지켜보던 사람들이 크게 웃자, 코비 박사는 청중들을 향해 비슷한 경험을 한 사람이 있느냐고 물었다. 많은 사람이 손을 들었다. 미션을 수행하던 여성은 결국 큰 돌을 작은 돌 속에 넣으려던 처음의 의도를 포기했다. 그리고 몇 개의 큰 돌만 위에 올려놓은 채로 한숨을 쉬었다. 그 몇 개의 큰 돌이 무엇인지 확인하는 것이 출발선이다. 그것을 깨달은 것만으로도 큰 의미가 있다.

강의를 진행한 스티븐 코비는 미국인이 뽑은 올해의 아버지상을 받은 적이 있다. 비결을 묻는 기자들에게 그는 너무나 단순하고 명쾌한 방법론을 제시하였다. 그것은 바로 자녀에게 질문하고 자녀의 답변을 경청하는 습관이었다. 그 자신이 삶의 중요한 몇 개의 큰 돌을 찾아 그것을 지키려고 노력했다는 것이다. 그래서 그의 강의는 힘이 있고 단순하면서도 울림이 크며, 강의를 들은 사람들이 의식과 행동을 바꾸는 이유이다.

우리 아버지들도 이제 '몇 개의 큰 돌'을 찾아 점검해볼 때이다. 그렇다면 몇 개의 큰 돌은 어떻게 찾을까? 한 가지 방법을 제안해본다. 우리가 이미 지겹도록 알고 식상해하는 방법을 실제로 해보는 것이다.

우선순위 매트릭스를 만들어보는 것이다. 우선순위 매트릭스는 두 가지 기준에 따라 네 가지 영역으로 구분되어 있다. 첫 번째 기준은 '얼마나 중요한가'이다. 두 번째 기준은 '얼마나 긴급한가'이다. 이 두 기준에 의하여 자신의 일상의 목록을 구분해보는 것이다.

- **1블록 :** 중요하고 긴급한 일들. 발표 임박, 밀린 과제, 병원치료 등

- **2블록** : 중요하지만, 긴급하지 않은 일들. 계획, 성찰, 가족, 대화, 운동, 독서 등
- **3블록** : 중요하지 않지만, 긴급한 일들. 중요하지 않은 전화, 타인의 일에 참견 등
- **4블록** : 중요하지 않고 긴급하지도 않은 일들. 지나친 TV시청, 게임, 지나친 전화 등

1블록의 일이 많은 사람의 별명은 '일을 미루는 사람'이다. 왜냐하면, 대부분의 일은 처음에는 2블록에 위치하게 되지만, 그것을 뒤로 미루다가 1블록으로 옮기게 되는 경우가 많기 때문이다. 그러나 이 부분의 일들을 해결하는 것을 통해 성취감과 에너지를 얻기도 한다. 이러한 일들은 어느 정도 어쩔 수 없이 꼭 발생하고 동시에 어쩔 수 없이 꼭 해야 하는 일들이기 때문에 우리는 이 영역을 '필수의 영역'이라고 부르기도 한다.

2블록의 일이 많은 사람의 별명은 '순서를 정해서 사는 사람'이다. 2블록의 일들은 긴급하지는 않지만, 중요한 일들로 장기적으로 우리의 삶에 영향을 주는 일들이다. 또한, 우리가 중요하게 생각하는 목표들에 진정으로 도달하게 해주는 활동들이 많다. 우리 삶의 질과 관련되면서 동시에 우리의 리더십을 요청하는 영역이라는 의미에서 '리더십과 질의 영역'이라고 부른다.

3블록의 일이 많은 사람의 별명은 '무조건 그래!라고 하는 사람'이다. 3블록에서 많은 시간을 보내게 되면 처리한 일은 많은 것 같지만, 실제 나의 삶에서 중요한 일들, 장기적으로 바람직한 결과를 낳는 일들

을 자꾸 미루게 되어 결과적으로 스트레스를 많이 받는 삶을 살게 된다. 즉, 3블록의 일들은 단지 긴급할 뿐인데 끊임없이 우리에게 중요한 일이라고 착각을 일으키게 한다. 중요하지도 않으면서 먼저 일을 해결하도록 유혹하는 '속임수의 영역'으로 불린다.

4블록의 일이 많은 사람의 별명은 '게으른 사람'이다. 4블록의 일들은 긴급하지도 중요하지도 않은 일들로서 전형적인 시간낭비, 현실도피적 활동들이 대부분이다. 따라서 4블록은 '낭비의 영역'으로 부른다.

누구나 제1블록, 즉 중요하고 급한 일을 1순위로 두게 마련이다. 그럴 수밖에 없다. 하지만, 인생의 승자와 패자는 그다음 순위를 어디에 두느냐에 달려 있다. 대부분의 사람은 2순위에 3블록을 두고 있는데, 결과적으로는 2순위로 2블록을 두는 사람이 우선순위에 따라 시간을 다르게 사용하고 결국 꿈을 성취한다. '급한 것은 아니지만, 중요한 일을 먼저 하는 사람'이 '급하지만, 중요하지 않은 일을 먼저 하는 사람'보다 인생의 가치와 행복에 더 가까이 근접해 있다는 것이다.

물론 무엇이 급하고 무엇이 중요한가 하는 것은 앞서 제시한 15개의 인터뷰 질문을 통해 확인할 수도 있다. 사람마다 우선순위는 다를 수 있다. 그러나 내용적 우선순위 결정에 정답이 없다 할지라도 우선순위 매트릭스에서는 2블록에 있는 내용을 3블록에 있는 것들보다 시간상으로 먼저 해야 한다는 것은 일류 보편의 정답이다.

이제 자신의 큰 돌을 찾았다면 라벨에 이름을 적어보자.

큰 돌을 찾았다고 끝난 것은 아니다. 자신이 그 큰 돌을 아예 모르고 살았던 것은 아니기에, 이미 삶 속에서 어떻게 자리 잡고 있는지 냉 내가 찾은 큰 돌들 …

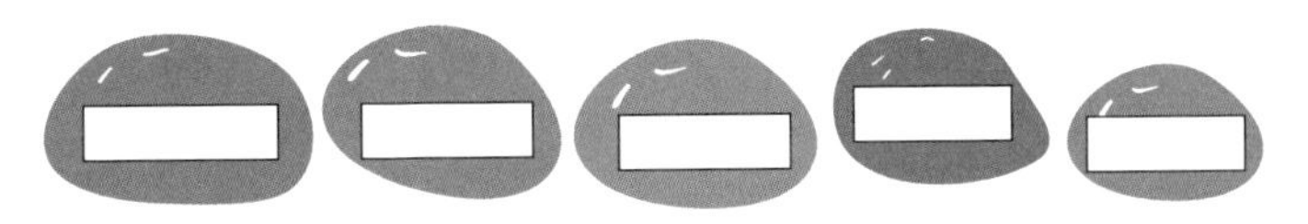

정하게 점검해볼 필요가 있다. 특히 우리가 주목할 것은 '균형감각'이다. 모두 다 잘할 수는 없지만, 적어도 균형을 잡을 수는 있다.

소중한 것들의 균형 점검

자신이 찾은 몇 개의 큰 돌에 라벨을 적었다면, 그것들의 점검을 위해 각각을 질문의 형태로 바꿔보자. 질문으로 바꾸는 이유는 점수를 측정하기 위함이다. 그런 다음에는 각 돌의 역할명칭을 만들어볼 것이다. 이렇게 나온 내용을 그래프로 옮기면 균형을 확인할 수 있다. 균형을 확인하기에 가장 좋은 형식은 방사형 그래프이다.

'가족, 건강, 동호회, 회사팀장, 종교활동….'

가족의 경우는 좀 세분화해보자. 누군가의 남편이고, 누군가의 아버지이고, 또 누군가의 자녀이다. 누군가의 형제이기도 하다. 질문은 그 항목에 대해 자신이 잘 역할을 수행하는지 물어보는 형태이다. 그런데 추상적이지 않고, 나름 주관적이지만, 측정 가능한 언어로 표현하는 것이 좋다. 예를 들어, 가족/남편이라는 항목을 질문으로 바꿔 본다면, '당신은 좋은 남편인가'라는 표현보다는 '남편으로 해야 할 역할에 충실한가' 또는 '아내의 행복을 위해 구체적으로 노력하는가' 등으로 표현하는 것이다. 정답은 없다. 샘플을 참고하여 자신의 언어를 떠올려 본다. 그리고 점수를 준다.

- **남편** : 아내의 행복을 위해 일상에서 구체적이고 일관되게 노력하는가.
- **아버지** : 자녀와 자주 밥을 먹으며 스스럼없이 대화하는가.
- **자녀** : 부모님께 자주 전화를 하여 안부를 묻고 있는가.
- **팀장** : 회사 팀원들의 성장을 돕는 팀장 역할을 하는가.
- **동호회원** : 정기적인 커뮤니티 모임에 성실하게 참여하는가.
- **건강** : 건강을 위해 식단을 조절하고, 규칙적인 운동을 하는가.
- **종교활동** : 종교활동을 통해 정신적인 안정과 삶을 질서를 유지하는가.
- **미래준비** : 자기계발을 위해 시간과 비용을 사용하여 미래를 준비하는가.

방사형 그래프에 자신의 소중한 영역을 단어로 넣고, 앞서 질문에 답한 점수를 점으로 표시한다. 한눈에 소중한 것들의 균형 상태가 보인다. 이것으로 끝이 아니다. 주관적인 평가이지만, 그 속에서도 나름의 객관성을 냉정하게 적용해보자.

각 단어에 대해 자신이 부여한 점수 말고, 이번에는 직접 당사자 또는 상대방이 그 영역에서 나에 대해 점수를 얼마나 줄까 입장을 바꿔서 점수를 표시한다. 조금 잔인한 짓 같지만, 나름 자신을 객관화할 수 있는 방법이다. 될 수 있는 대로 두 가지 표기를 각기 다른 색의 펜으로 한다면 더욱 차이가 확연하게 보일 것이다.

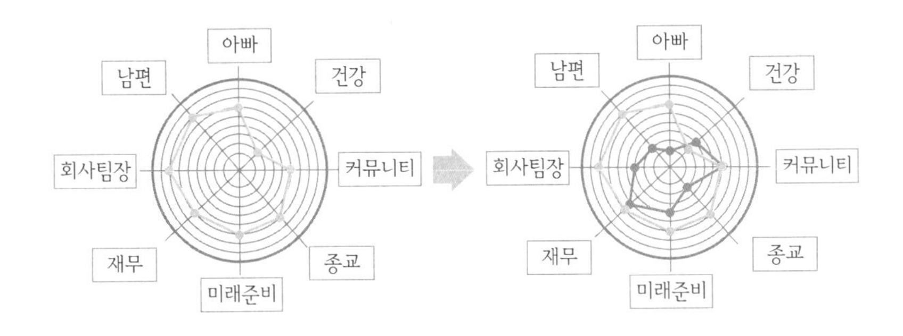

앞에서 살폈던 스티븐 코비 박사의 강의영상에서 한 가지 독특한 반전이 있었다. 작은 돌멩이들이 가득 채워진 수조에 큰 돌을 끼워 넣는 것은 불가능했다. 그런데 코비 박사는 한 가지 패러다임의 전환을 요청하였다. 옆에 있는 다른 수조를 사용해서 창의적으로 해결해보라는 것이었다. 그러고 보니 처음부터 테이블에는 두 개의 수조가 있었다. 하나의 수조는 비어 있었다. 실험에 참여한 여성은 애초에 그것을 사용할 생각을 하지 못하고 있었던 것이다.

여성은 잠시 고민하더니 빈 수조에 먼저 큰 돌을 넣는다. '가족'이라는 단어가 적힌 큰 돌을 넣고, '건강'이라고 적힌 그다음 큰 돌도 넣는다. 크기가 큰 순서대로 차곡차곡 수조를 채웠다. 그랬더니 큰 돌만으로도 이미 수조가 꽉 찼다. 얼핏 보면 두 개의 큰 수조가 양쪽 모두 꽉 찼다. 한쪽에는 큰 돌로 가득 찼고, 다른 한쪽에는 작은 돌멩이로 가득 채워져 있다. 그냥 보기에는 두 개를 합칠 수 없을 것처럼 보인다. 이 책을 읽는 사람의 머릿속에도 비슷한 그림이 떠오를 것이다. 잠시 후 여성은 작은 알갱이가 들어 있는 수조를 들어서 큰 돌로 채워진 수조에 붓기 시작했다.

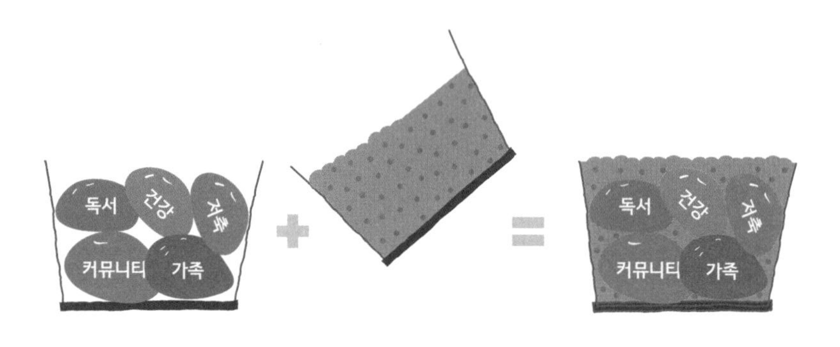

놀랍게도 작은 알갱이들이 큰 돌멩이 사이의 빈틈으로 알아서 채워지기 시작하였다. 수조를 모두 비웠고, 큰 돌멩이 사이에 작은 알갱이들이 다 채워지고도 수조는 넘치지 않았다. 완벽하게 합쳐졌다.

이 실험은 우리에게 매우 중요한 메시지를 전달하고 있다. 앞에서 했던 실험과 연관 지어서 생각해보자.

큰 돌들은 우리 삶의 중요한 가치와 관련된 항목들이다. 어떤 것이 있을까? 당신의 머릿속에도 떠올려보라. 가족, 건강, 봉사, 책임, 위임, 종교, 계획, 준비 등이다. 한편, 먼저 수조 안에 채워져 있던 작은 알갱이들은 우리의 삶을 이미 가득 채우고 있는 바쁜 삶의 일정들이다. 긴급한 약속, 전화, TV, 인터넷, 문자, 트위터, 메신저, 쇼핑, 모임… 또 무엇이 있을까. 자신의 머릿속에 자신의 삶을 빈틈없이 채우고 있는 것들을 떠올려보자.

잊지 말아야 할 것은 패러다임을 바꾸지 않는 한, 우리의 삶에 긴급하고 바쁜 것들이 가득 차 있다면 중요하고 소중한 것들이 비집고 들어가기가 어렵다는 것이다. 위의 실험에서처럼 말이다. 패러다임을 바꾸면 가능하다, 그 패러다임의 변화를 한마디로 표현하면, 간단하다.

"소중한 것을 먼저 하라!"

교훈 1. 우리의 삶 속 '중요한 것'들을 인식하지 않는다면, 자연스럽게 긴급하고 바쁜 삶으로 가득 찬다.

교훈 2. 바쁜 일정으로 채워진 삶에, 뒤늦게 소중한 삶들을 채워 넣으려고 하여도 쉽지 않다.

교훈 3. 삶 속 시간을 채우는 패러다임을 통째로 바꾸면 충분히 다른 삶을 살 수 있다.

교훈 4. 긴급한 일정이 차기 이전에, 처음부터 주도적으로 소중한 일정들을 계획하고 채운다.

교훈 5. 소중한 일정으로 계획을 수립한 이후에, 긴급하고 사소한 일정들을 조정한다.

교훈 6. 소중한 것을 먼저 하고도, 긴급한 일정들을 놓치지 않고 갈 수 있음을 믿는다.

교훈 7. 이러한 패러다임이 반복되면, 선순환을 일으켜 점점 더 능숙하게 삶을 관리한다.

매력적이지 않은가! 소중한 것을 먼저 하고도 전혀 손해 보지 않는다. 소중한 것을 먼저 하고도 시간이 부족하지 않다. 또한, 소중한 것을 먼저 하고도 급한 일정들도 버리지 않고 잘 소화한다. 이러한 삶이 반복되면, 그때부터 삶에 열매가 나타난다.

우리 모두에게는 하루 24시간이라는 시간이 주어진다. 그런데 어떤 사람은 하루를 48시간처럼 쓰고, 어떤 사람은 24시간이 부족하다고 늘 하소연한다. 정작 푸념만 하고 단 한 걸음도 나아가지 못하고 늘 그 자리에 머문다. 마음만 급하다. 톱질하느라 톱날을 갈 시간이 없다. 그래서 장작이 쌓이지 않는다.

무엇 때문에 이러한 차이점이 생기는 것일까? 그것은 우선순위를 두고 삶을 관리하느냐 그렇지 않으냐 하는 차이에서 비롯되는 것이다. 삶의 균형을 관리하느냐 그렇지 않으냐의 차이이다. 필자의 삶의 균형요소이자 우선순위는 지식, 건강, 가정 그리고 직업이다.

나는 이러한 균형을 토대로 영역별 삶의 우선순위를 정리하여 다이어리에 붙이고 다닌다. 마치 네 개의 기둥이 집을 떠받치고 있는 것과 같은 균형이다. 그런데 이러한 집은 튼튼한 기초 위에 놓여 있어야 한다. 이것이 바로 앞서 살폈던 15개 인터뷰 질문에 대한 답변이다. 이를 줄여, 열 가지 정도를 건물의 기초로 표현하였다. 어떤 일이 있어도 지켜야 할 나의 가치 기초이다.

이제 나에게 남은 것은 자녀에게 이것을 친절하게 언어로, 삶으로 설명해주는 것이다. 하지만, 거창하고 비장하게 하지는 않으려고 한다. 강요하지 않고 그저 친절하게 설명하고 진심을 소개하는 것임을 잊지

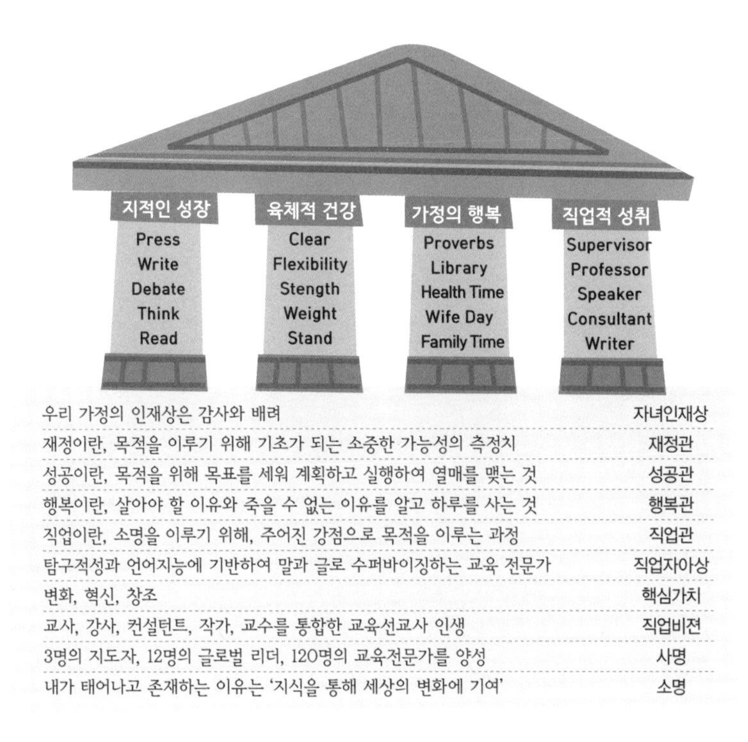

우리 가정의 인재상은 감사와 배려	자녀인재상
재정이란, 목적을 이루기 위해 기초가 되는 소중한 가능성의 측정치	재정관
성공이란, 목적을 위해 목표를 세워 계획하고 실행하여 열매를 맺는 것	성공관
행복이란, 살아야 할 이유와 죽을 수 없는 이유를 알고 하루를 사는 것	행복관
직업이란, 소명을 이루기 위해, 주어진 강점으로 목적을 이루는 과정	직업관
탐구적성과 언어지능에 기반하여 말과 글로 수퍼바이징하는 교육 전문가	직업자아상
변화, 혁신, 창조	핵심가치
교사, 강사, 컨설턴트, 작가, 교수를 통합한 교육선교사 인생	직업비젼
3명의 지도자, 12명의 글로벌 리더, 120명의 교육전문가를 양성	사명
내가 태어나고 존재하는 이유는 '지식을 통해 세상의 변화에 기여'	소명

않으려 한다. 아버지의 삶을 이해하는 자녀는 진정한 자신의 것을 찾아간다. 아버지를 모방하지 않는다. 이것이 건강한 역할모델이다.

혹, 자녀 잘 키우는 법을 재촉하신다면

어려운 단계를 지나왔다. 사실 많은 아버지는 이렇게 말할지도 모른다.

"뭐 이리 서론이 길어요? 자녀양육에 대해 궁금한데, 왜 자꾸 아버지의 가치나 행복 등에 초점을 맞추는 거죠? 어떻게 하면 아이를 잘 키울 수 있는지 빨리 그 노하우나 알려줘요."

실제 아버지 강의를 하다 보면, 이런 항의를 직접 듣기도 한다. 아니면 불편한 기색이 보이기도 한다. 이렇게 해 보면 어떨까. 여러분이 질문을 바꿔서 해주면 바로 답을 하고, 그렇지 않다면 필자가 질문할 것이다. 질문을 바꿔서 한다는 것은 원하는 것을 정확히 밝혀달라는 것이다. 잘 키운다는 것이 무엇인지를 정의가 필요하다는 것이다.

여기서 문제가 발생한다. 잘 키운다는 것에 대해 많은 아버지는 각기 다른 내용을 말할 가능성이 있다. 이러한 답변들이 나오지 않을까? 다소 거칠고 속마음이 드러나는 표현의 예를 들어본다.

"잘 키운다는 것은, 공부 열심히 해서 좋은 대학 가는 것입니다."

"잘 키운다는 것은, 그저 행복한 아이로 살 수 있도록 돕는 것입니다."

"잘 키운다는 것은, 성품과 인성이 좋은 아이로 자라나는 것입니다."

"잘 키운다는 것은, 남보다 공부 잘하고 경쟁에서 이기는 것입니다."

"잘 키운다는 것은, 창의적인 인재로 성장하는 것입니다."

"잘 키운다는 것은, 사회의 건강한 구성원으로 살아가는 것입니다."

원하는 것이 첫 번째인 부모에게 나의 인재상강의와 책이 소용 있을까? 목적이 그것이라면, 나로서는 쿨하게 공부법 책 10권과 진학컨설턴트 전화번호를 건네줄 일이다. 실제로 그렇게 종종 하기도 한다. 문제는 공부법 책을 자녀 귀에다가 읽어주고, 책상 위에 놓아두었는데 공부를 안 하더라는 것이다. 입시 컨설턴트를 만났는데 부모가 원하는 좋은 대학에 자녀가 갈 수 없는 상황이라는 말만 들었다는 것이다. 여기서 나는 다시 묻고 싶다. 공부를 열심히 하면 좋은 대학 가는 게 정말 가능한가. 공부 열심히 했던 자녀들은 좋은 대학을 잘 가던가?

잘 키운다는 것은 행복한 아이로 자라나게 돕는 것이라고 인식하는 부모라면, 또 물어보고 싶다. 행복한 아이는 어떤 아이인가? 이 질문에 행복한 아이는 '자신의 꿈을 찾고 그 꿈을 이루는 아이'라고 답한다면 나는 진로컨설팅을 해줄 것이다. 잘 키운다는 것이 곧 성품과 인성이라고 답하는 부모가 있다면, 어떤 성품을 가진 아이로 키우고 싶은지 물어볼 것이다. 이 질문에 '배려'라고 답한다면, 일단 박수와 함께 존경의 마음을 전할 것이다. 그러고 나서 두 가지를 물어볼 것이다. 부모가 생각하는 '배려'는 어떤 것인가. 이 질문에 혹시 배려란 남을 위해 사는 것이라고 답변한다면, 나는 또 물어볼 것이다. 아이의 눈에 비치는 어머니와 아버지는 '남을 위해 사는 배려'를 자녀에게 일상에서 보여주고 있는지 말이다.

자녀를 잘 키운다는 것이 남보다 공부 잘하고 경쟁에서 뒤처지지 않는 것이라고 말한다면, 나는 또 물어볼 것이다. 공부를 잘 하면 계속 경쟁에서 이길 수 있는가. 공부의 목적은 경쟁에서 이기는 것인가. 정말 그것을 가르쳐주고 싶은가. 경쟁에서 지면 실패자인가. 그리고 결국 한 번 더 물어볼 것이다.

정말 진심으로 물어보건대, 자녀를 어떻게 잘 키우고 싶은가. 다른 아버지가 자녀를 잘 키운다는 것이 곧 인재로 키우는 것이라고 답했다면 역시 질문을 하지 않을 수 없다. 누가 이 시대의 인재인가. 만약, 그 질문에 혹시 그러지 않겠지만, 공부 잘해서 좋은 대학가고, 좋은 직장

가서 성공하는 것이라고, '종합선물세트'를 말하는 부모가 있다면 생각만 해도 진땀이 난다. 왜냐하면, 그 답변에 대해 내가 던져야 할 질문이 너무 많이 생성되기 때문이다. 각 질문에 대한 답변을 듣고, 또 재질문을 던져야 하는 경우의 수가 무수히 늘어날 것이기 때문이다. 이른바 구시대적인 '성공방정식'의 전형이다. 이런 분들에게 앞서 겹치는 질문을 빼고 다른 것을 물어본다면, 무엇이 성공인가. 그리고 굳이 도저히 참을 수 없어서 하나 더 물어본다면, 좋은 대학 나오면 좋은 직장에 갈 수 있는 것인가?

얘기가 나온 김에 이어가자면 좋은 대학은 어떤 대학인가. 아이비리그에 진출한 한국의 수재들 대학중퇴율이 무려 40%를 넘는다는 연구결과가 있었다. 한 해 우리나라에서 배출되는 박사가 1만여 명이다. 그들은 모두 좋은 직장에 들어가는가? 모두 성공했다고 이야기하는가? 성공을 어떻게 정의하느냐에 따라 상황은 180도 달라진다. 행복을 무엇이라고 정의하느냐에 따라 양육의 질은 하늘과 땅 차이로 벌어진다. 공부의 목적을 무엇으로 여기는지의 양육철학에 따라 자녀의 학창시절은 차이가 날 수밖에 없다.

여러분은 이미 눈치를 챘을 것이다. 필자가 진짜 하고 싶은 이야기가 무엇인지 말이다. 결국, 부모의 양육철학이 모든 것을 결정한다는 것이다. 부모의 양육철학이 곧 양육관, 자녀상, 그리고 인재상이 된다. 그런데 그 내용을 살펴보니, 주로 행복관, 성공관, 직업관 등의 가치관이다.

답은 나와 있다. 부모 그 자신이 행복을 어떻게 정의하느냐에 따라 자녀에게 동일한 행복관을 심어주고, 성공을 어떻게 규정하느냐 따라 자녀에게 그 관점이 흘러간다. 아버지가 가장 소중히 여기는 것이 무엇이냐에 따라 가정의 판단기준이 달라지는 것이다.

그래서 집요하게 '부모상'에 집착했다

알고 보니, 우리네 아버지들은 어쩔 수 없이 그런 가치관을 가지게 된 것이었다. 어려운 세상에서 그나마 유일하게 정직한 신분상승의 채널이 오직 '공부'였던 시대를 치열하게 지나왔다. 공부를 잘하려면 학원을 다녀야 한다고 생각했을 뿐이다. 사교육비를 지출하려면 돈이 필요하니 어려운 직장생활이지만 참고 달렸다. 그런 아버지의 진심을 이해해주면서 자녀가 공부를 열심히 해서 좋은 성적, 좋은 대학, 좋은 직장, 좋은 결혼, 좋은 인생을 살아준다면 이 정도 고생쯤이야 얼마든지 참을 수 있다고 생각했다.

그런데 지금, 이 모든 게 다 깨어진 것이다. 모든 공식이 맞지 않고, 심지어 되돌아온 말은 '언제 아버지가 나한테 관심이나 가졌어?', '누가 그렇게 희생하며 살라고 했어?'라며 진심까지 통하지 않는 것이다.

이제 기존에 가지고 있었던 성취, 성공, 행복, 가치 등에 대한 아버지의 자아상, 가치관 등을 점검하지 않고서는 도저히 자녀교육으로 나아갈 수가 없다. 물론 한 가지 개운치 않은 걱정이 마음속 구석 언저리에서 스멀스멀 피어오른다. 결국, 이 책을 읽는 사람들, 또 그 시간에 열일 제쳐두고 강의장에 나와 앉아 있는 어머니들, 아버지들은 사실 이미 변화를 받아들이고, 건강한 부모상으로 살고 있으며, 균형 잡힌 자녀상을 실천하는 부모들일 거라는 생각이다. 이는 나의 경험적 직관이다. 이들을 걱정하는 게 아니다. 정작 들어야 하는데 듣지 않는 부모들을 걱정하는 것이다.

이렇게까지 말하고 보니, 앞서 여러 페이지에 걸쳐 언급했던 아버지의 직업에 대한 설명, 자신의 삶에 대한 친절한 설명, 삶의 소중한 우선순위, 묘비명, 좋아하는 것, 아버지의 열정 등은 모두 양육관, 양육철학, 자녀상, 인재상 등의 자녀교육을 꺼내기 위한 필수였던 것이다. 우린 이것을 부모상, 또는 부모의 자아상이라고 표현한다.

이제 본격적으로 자녀상으로 넘어가기 전에 이 부분에 대한 답변을 정리해보자. 파워인터뷰라고 생각하고 질문에 답해보자. 미리 말하지만, 답은 없다. 잘 키운다는 것에 대한 정의에 따라 답변이 달라진 것처럼 부모상에 따라 자녀상은 달라질 것이다. 물론 이런 경우는 가능하다. 이전에 이런 답변을 준비해본 적이 없다면 이번에 한번 정의를 내려보는 것이다. 이후 시간을 숙성시키면서 계속 다듬어질 것이다. 또한, 이미 설명이 가능한 아버지라면, 그 설명을 이번 기회에 한번 확인하고 다듬어보는 것이다. 질문의 주체는 자녀라고 가정하고 답변해보자.

아버지는 왜 사세요? 인생의 목적이 무어냐고요?

아버지는 어떤 꿈과 비전이 있어요? 뭐 직업적, 사회적으로 이루고 싶은 거요.

아버지는 언제 제일 행복해요? 아버지가 나름대로 행복을 정의한다면?

아버지는 성공했나요. 성공하고 싶나요. 아버지가 생각하는 성공은 무엇이에요?

아버지는 솔직히 지금 직업이 마음에 드세요?

아버지는 왜 돈을 벌어요? 돈을 벌어서 무엇을 하고 싶어요?

아버지는 나에게 무엇을 남겨주고 싶으세요?

아버지는 세상이 아버지를 어떤 사람으로 기억하기를 원하세요?

… 그리고

아버지는… 음… 제가 어떤 사람이 되면 좋겠어요?

제2부

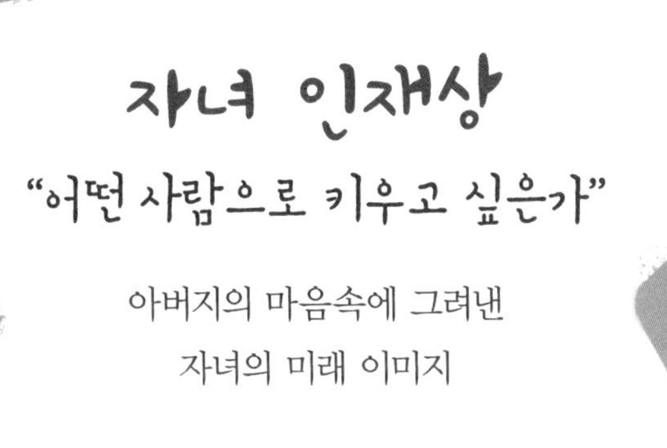

자녀 인재상

"어떤 사람으로 키우고 싶은가"

아버지의 마음속에 그려낸
자녀의 미래 이미지

〈세상에는 없는, 오직 아버지가 창조한 언어〉

"성실이란, 목표를 계획으로 바꾸어, 실천하고 결국 그 목표를 이루어내는 것이다."
"성실이란, 아무도 보는 이 없을 때 내가 하는 행동이다."
"성실이란, 처음 시작한 것을 끝까지 해내는 것이다."
"성실이란, 자신에게 주어진 시간과 공간 위에서 최선을 다해 의미를 만들어내는 것이다."
"성실이란, 나 자신과 약속을 하고, 그 약속을 지키는 것이다."
"성실이란, 내가 있어야 할 자리에서 내가 해야 할 일을 하는 것이다."
"성실이란, 누군가 나의 이름을 떠올렸을 때 머릿속에 떠오르는 그것이다."

〈인재상으로 성장한 아이의 특징〉

"배려를 갖춘 아이는, 교사를 존중하며 수업에 소홀하지 않음."
"감사를 갖춘 아이는, 학교, 수업, 교사, 그 모든 상황에 감사하며 학교생활에 참여함."
"경청을 갖춘 아이는, 교사의 언어를 놓치지 않으려는 태도를 보임."
"용기를 갖춘 아이는, 이해되지 않는 내용에 반드시 손을 들어 질문함."
"정직을 갖춘 아이는, 모르는 것을 아는 척하지 않고, 끝까지 파헤치려 함."
"성실을 갖춘 아이는, 자신이 계획한 공부를 꾸준하게 해내려 함."
"책임을 갖춘 아이는, 공부가 그 시기에 자신에게 주어진 역할이라고 생각함."
"인내를 갖춘 아이는, 때로 공부하기 싫을 때도 끝까지 해내려고 자신을 다독임."

자녀를 어떤 사람으로 키울 것인가

앞선 질문들에 대해 답변해 보았다면, 혹시 마지막 질문에도 답변하였을까?

"아버지는… 음… 제가 어떤 사람이 되면 좋겠어요?"

이 마지막 질문에 대한 답변을 듣기 위해 여기까지 먼 길을 돌아온 것이다. 자녀가 어떤 사람이 되면 좋을까. 자녀가 어떤 삶을 살면 좋을까. 자녀를 어떤 사람으로 키우고 싶은가. 자녀를 어떤 사람으로 키울 것인가. 모두 같은 맥락이다. 이를 단어로 표현하면 '자녀상'이다.

그런데 질문을 조금 바꾸면 다른 단어가 나온다. 자녀를 어떤 인재로 키우고 싶은가. 이때는 '자녀상'보다는 '인재상'이 어울린다. 질문을 또 바꾸면 다른 단어가 나올 수 있다. 자녀를 어떤 기준으로 양육하는가. 이렇게 물어보면 양육관, 교육관, 양육철학 등이 만들어진다. 모두 일반적으로 통용되고 있는 단어들이다. 부모의 인재상에 따라 그에 걸맞은 자녀로 성장하는 것이다.

자녀상 = 인재상 = 양육관 = 교육관 = 교육철학

문제는 아버지들에게 이러한 기준이 없다는 것이다. 없는 것보다 더 겁나는 것은 잘못된 기준을 가지고 자녀를 키운다는 것이다. 더 두려운 것은 그것이 잘못된 것인지 모를 수도 있다는 것이다. 이보다 더 끔찍한 것은 잘못된 태도에 각고의 열정을 쏟을 때이다. 잘못된 것을 더

육 열심히 할 때 우리는 정말 답이 안 나온다.

인재상이 있다는 것은 방향과 목적이 있다는 것이다. 이는 보편적인 진리이다. 자녀양육도 마찬가지이다. 어떻게 키울 것인가는 어찌 보면 자녀의 16년 학교생활을 통해 부모가 자녀에게 심어주고 싶은 성취기준이라고 할 수 있다. 성취기준이 나오면, 그에 따라 자연스럽게 질문이 형성된다. 어떻게 하면 그런 아이로 키울 수 있을까? 방향과 목적이 생기니 자연스럽게 '과정설계'가 이어진다.

반면 그렇지 않은 경우도 어렵지 않게 상상해볼 수 있다. 아니 오히려 더 일반적인 현상이다. 자녀를 어떻게 키울 것인지 방향과 목적, 기준에 대해 고민해보지 않았고 그저 자녀를 키우면서 닥치는 시기별 필요에 따라 키운 것이다. '뭐 인생이 다 그런 것 아닌가'라고 말할 수도 있을 것이다. 어떻게 방향, 목적, 목표, 계획 뭐 이런 것을 다 세우고 살아갈 수 있겠는가. 이 역시 부모의 기준이다. 기준이 없는 것이 바로 양육의 기준이 된다.

인재상이 있는 부모		인재상이 없는 부모
• 인재로서 갖추어야 할 자질을 봄 • 어떻게 하면 이러한 자질을 갖출 수 있을까 고민 • 자질 함양을 위한 교육 프로세스 인식 • 속도보다는 방향이 중요	VS	• 일반적인 분위기를 좇아감(1등, 엘리트, 부자…) • 당장의 성공, 입시 노하우에 휩쓸려 다니며 돈과 시간 낭비 • 남들보다 빨리 가야 한다는 무서운 속도전!

그래서 자녀는 부모의 기준대로 자라는 것이다. 하지만, 그래도 일말의 가능성이 있다면 방향을 잡으라고 끝까지 권하고 싶다. 인재상이

없다는 것, 즉 가정에서 자녀를 키우는 방향과 기준이 없다는 것은 다른 말로 하면 과정에 대한 일관성이 없다는 것이다. 그럴 경우, '이대로 살 거야. 이대로 키울 거야'라고 하면 그래도 소신이라도 있을 텐데, 현실은 다른 방향으로 흐른다. 방향에 대한 일관된 관찰기준과 방향성이 없다 보니, 불안하다. 이러한 불안은 우리 인간이 느끼는 불확실성에 대한 근본적인 불안이다. 그러다 보니 다른 방식의 위안과 안정요인을 찾으려 하는 것이다. 자녀를 통제하고 관리하여 자신 마음대로 이끌어 가려 하거나, 작은 경쟁상황에서 비교우위를 점하게 하는 것에 혈안이 되는 것이다. 불안하다 보니 귀는 얇아지고 눈치를 본다. 처음에는 뭐 그렇게 원칙을 세우는 것을 강조하냐며 아이에게 자유를 주고, 부모의 철학이 아니라 아이가 하고 싶은 대로 사는 게 더 중요하다며 극구 인재상 설정을 거부하더니, 결과적으로 아이를 더 획일적으로 통제한다. 회사로 말하면 비전을 제시하는 지도자는 없고, 철저히 감시하는 관리자만 있는 것이다. 나는 이러한 상황을 어린 시절 경험을 통해 느껴본 적이 있었다. 학창시절 체육시간에 있었던 일이다.

"와~ 철만이 대단하다! 선도 똑바르고 꼭짓점도 딱 만나네. 시간도 많이 단축됐어. 연습 진짜 많이 했나 보다."

체육시간이 시작되자 내 친구인, 체육부장 철만이는 여느 때와 다름없이 피구 라인을 그렸다. 오는 체육 대회의 2학년 경기 종목인 피구 연습을 하려는 것이다. 철만이가 순식간에 그려 낸 피구 라인을 본 반 친구들의 눈이 휘둥그레졌다. 체육 선생님 역시 고개를 갸우뚱하며 뭔가 이상하다는 눈치다. 그 피구 라인이 다른 날과는 영 달라서 지금 모두 놀라고 있다.

일주일 전, 체육 시간

"야! 박철만. 너 자꾸 이럴 거야. 피구 라인 하나 제대로 못 그리고…. 벌써 몇 번째야! 야야, 다음 학기 체육부장은 절대로 철만이 시키지 마!"

"죄, 죄, 죄송해요. 다, 다시 그릴까요. 서, 선생님?"

성미 급한 체육 선생님의 꾸지람에 철만이는 고개를 들지 못했다. 내성적이어서 말수가 없는 편인 철만이는 특히 긴장하면 말을 심하게 더듬었다. 철만이가 초등학교 때부터 유일하게 좋아하고 잘하는 것이 축구였다. 중학교에 올라온 이후 1학년 내내 철만이의 축구 실력을 본 친구들이 2학년 때 철만이를 체육부장으로 추천했다.

그런데 바로 그때부터 철만이의 불행이 시작되었다. 공 차는 것 외에는 관심도 재주도 없던 그는 체육시간만 되면 배가 아파져 올 정도로 심한 스트레스에 시달렸다. 주전자로 물을 뿌려 피구라인을 그리는 작업 때문이었다. 그건 생각보다 어려워서 아무리 집중을 해도 제대로 그려지지가 않았다. 그래서 늘 꾸지람을 듣는 터였다. 정성껏 잘 그리기 위해 주전자 주둥이와 땅바닥을 뚫어져라 바라보면서 그렸는데, 구불구불하고 꼭짓점이 맞지도 않았다. 직선은 곡선처럼 휘었다. 더군다나 너무 바닥만 보고 천천히 물을 뿌리다 보니 주전자의 물이 빨리 소진되어 몇 번이고 수돗가에 다녀와야 했다. 수업시간이 시작되었는데 주전자를 든 손이 파르르 떨면서 구불구불한 피구라인을 그리고 있는 주변에 선생님과 친구들이 몰려와 구경한다. 총체적인 난국이었다. 철만이는 그 순간이 마치 지옥 같았다.

당시 철만이로서는 마음 놓고 고민을 상담할 수 있는 선생님이 있었는데,

바로 진로 상담부의 선생님이다. 철만이의 고민을 들은 선생님은 며칠 뒤에 한 가지 방법을 일러주었다.

"철만아, 드디어 방법을 알아냈다!"

"정말이요? 뭐, 뭔데요?"

"진짜 쉬워. 선생님이 직접 실습도 해봤거든. 무조건 목표만 보고 가면 돼!"

체육시간 한 시간 전, 쉬는 시간에 살짝 운동장으로 나간 철만이는 작은 돌을 모아 피구 라인의 선이 만나는 꼭짓점에 미리 놓아두었다. 체육 시간이 되자, 철만이는 미리 자리를 잡아 놓은 목표(돌)만 바라보며 빠르게 물을 뿌리며 움직였다. 축구시합을 할 때 여러 명의 수비수를 제치던 바로 그 자신감으로 선을 그렸다. 그 순간 철만이의 마음속에 떠오른 깨달음은 평생의 기초가 되었다.

'정말 목표만 보고 가니 피구 라인이 반듯하게, 훨씬 빨리 그려지는구나. 정말 목표가 중요한 거구나.'

아버지의 용기가 필요하다

자녀를 어떻게 키울 것인지 인재상을 정하게 되면, 모든 것이 깔끔하게 정리되는 것은 아니다. 오히려 공격은 거세진다. 일단 부모의 철학대로 아이가 따라오지 않는다. 또한, 이상한 부모처럼 보일 수도 있다.

대세를 따르지 않기 때문이다. 자녀를 철저하게 공부시키고, 학원으로 돌리고, 성적을 관리하고 명문대 보내는 로드맵을 짜서 어릴 때부터 준비해야 하는 게 정설인데, 인재상이 있는 집 상당수는 그와는 약간 다르게 산다.

이유는 간단하다. 일반적인 성공방정식이 이미 흔들리고 있다는 것을 알고 있기 때문이다. 그렇다고 해서 '문명'을 거부하고 전화기와 인터넷선을 끊고 귀향, 귀촌하여 자연과 벗하며 살고 세상과 단절하는 것 아닐까 하는 생각은 어찌 보면 오해이다. 오히려 인재를 바라보는 시대의 기준을 읽고, 아이를 자기주도학습자로 키우는 것에 합리적인 배팅을 한 것이다. 모르는 사람은 불안하게 쫓아가지만 아는 사람은 여유와 통찰을 가지고 멀리 보는 것이다.

말은 이렇게 하지만, 사실 매일매일 그리고 아이의 성장기에 맞닥뜨리는 현실은 쉽지 않다. 자녀의 교육에 관심이 없는 부모로 오해받기도 하고, 때로는 자녀가 충분히 부모의 철학을 이해하지 못한 채 또래 친구들의 문화, 속도에 뒤처지는 느낌을 호소하기도 한다.

이럴 때 필요한 것이 확신과 신념 그리고 용기이다. '난 이렇게 자녀를 키우겠다'고 결정하고 선언한 후 실제 삶에서 그 과정을 실천하는 것이다. 쉬운 일이 아니다. 원래 진리는 단순하다. 때로는 너무 단순해서 하지 않는다. 오히려 고가의 돈을 지불해야 하면 그것이 가치 있다고 여기고 몰려든다. 나는 실제 도전해 보았다. 자녀를 어떤 사람으로 키울 것인지 결정하고 오직 아버지의 신념으로 선언하고 실천해 보았다. 그러다 보니 특별한 에피소드가 종종 생긴다.

"민수와 희수는 아직도 스마트폰이 없니?"

"네? 네."

큰아버지가 아들 민수와 딸 희수를 불러일으켜 세웠다. 큰아버지가 부르면 아이들은 일단 긴장한다. 아이들 세계에서 나름 실세에 대한 눈치는 있다. 민수와 희수는 일단 대답을 하고 자동적으로 일어섰다. 무슨 일일까.

명절이라 모든 가족이 모여 있다. 음식 준비로 분주한 틈바구니 속에 아이들은 저마다 스마트폰으로 게임을 하고, 서로 재미있는 앱을 자랑하거나 소개한다. 민수와 희수는 여기저기 누나, 형 옆에 붙어 스마트폰게임 구걸을 하고 있었다.

"누나, 그 게임 다 끝났어? 그거 너무 재미있겠다."

그런 아이들을 지켜보던 큰아버지가 두 아이를 부른 것이다. 3학년과 5학년이면 한참 스마트폰을 좋아할 나이이다. 누나와 형들이 하는 것을 조용히 구경하면서도 드러내며 조르지 않고 기다리는 모습을 보니 기특하기도 하고, 한편으로는 나이 또래 같지 않은 모습에 불쌍해 보이기도 했다.

"민수야, 네 아버지가 초등학교 졸업할 때까지 결국 스마트폰을 안 사준다고 했던 거구나."

"큰아버지, 그건 아니에요. 사주신다고 했어요. 아버지도 사주고 싶다고 했어요. 다만…."

"다만 뭐?"

"아버지는 지금 기다리고 있는 것 같아요."

"뭘 기다려?"

"제가 스마트폰을 쓰려면 한 가지를 꼭 갖추어야 한다고 했거든요."

"그게 뭔데?"

나는 옆에서 조용히 전을 부치며 이 상황을 나름 즐기고 있었다. 이런 대화가 불편하지 않다. 부엌에서 거실에서 각 방에서 다들 자신이 맡은 명절 준비를 하고 있던 이들은 일순간 동작을 멈추고 민수를 쳐다보았다. 모두 아버지가 아이에게 어떤 조건을 스마트폰 득템의 기준으로 걸었을지 궁금하다는 표정이었다. 그런데 민수가 왠지 뜸을 들인다. 나는 조용히 고개를 들어, 아들 민수를 바라보았다. 민수도 내 눈을 보았다. 나는 아들의 마음을 알고 있었다. 사람들이 쳐다보는 것보다 더 부담스러운 게 따로 있다는 것이다. 자기가 말할 내용을 사람들이 비웃을까 하는 조바심. 나는 더욱더 편안한 미소를 지어주었다. 그 짧은 순간, 민수는 내 눈을 보며 마음으로 말하였다.

'아버지, 이거 얘기해도 괜찮을까요. 아마 빵 터질 거예요. 모두 비웃을 거라구요. 저 어떻게 해요? 아버지.'

'민수야, 괜찮아. 용기를 내렴. 우리가 한 약속은 그 자체로 소중하다. 사람들이 충분히 이해하지 못할 수도 있어. 자신의 소중한 것을 용기 있게 말하는 것에 대해서는 이전에도 많이 경험을 해보았잖니. 어서 네 생각을 말해주렴.'

아버지의 눈을 보고 민수는 결국 입을 열었다.

"마…음…의… 힘이요."

"마음의 힘?"

"네, 마음의 힘이 생기면 그때 사주신다고 했어요."

민수의 마음속에는 오래전 이 부분에 대해 아버지와 처음 대화를 나눈 장면이 잊히지 않는다.

"아버지, 언제 사줄 거예요?"

"마음의 힘이 생기면 사줄게."

"마음의 힘이 뭔데요?"

"스스로 조절하는 힘!"

"그게 뭔데요?"

"정말 하고 싶지만 참을 수 있는 힘, 정말 하기 싫은 것도 필요하다면 하는 힘!"

잠깐의 침묵이 흘렀다. 1초 정도였을까. 그럼에도 민수에게는 너무나 길게 느껴지는 침묵이었다. 그리고 예상했던 대로 거실 전체가 '빵' 터졌다. 여기저기서 웃음이 터져 나온 것이다. 나는 분위기에 맞춰 함께 미소를 지어주며, 민수에게 손을 뻗었다. 자랑스럽다는 듯 두 사람이 손바닥으로 하이파이브를 날렸다.

잠시 후, 큰아버지가 민수에게 말했다.

"마음의 힘이 생기면 스마트폰을 사준다고 했구나. 그런데 그 마음의 힘이 무엇인지 말해줄 수 있니?"

"그건… 인재상이에요."

"인재상이라면?"

"저희 집 액자에도 걸려 있는데, 바로 '감사와 배려'입니다."

큰아버지는 나만 동의해준다면 이번 명절 때 민수와 희수에게 스마트폰 선물이라도 사줄 요량이었다. 그런데 지금은 민수의 얘기가 궁금해진 모양이다.

"민수야, 혹시 감사와 배려의 뜻도 설명해줄 수 있을까?"

"아버지가 가르쳐준 뜻은 사전에 나오는 뜻과 조금 달라요. 감사는 남과 비교하지 않고 이미 나에게 주어진 것으로 충분히 만족하게 여기는 것이고, 배려는 내가 충분히 할 수 있지만, 친구를 위해 한 번 더 기다려주는 것입니다."

아들 민수와 딸 희수의 방에는 독특한 액자가 걸려 있다. 시계 바로 아래에 붙어 있는 두 개의 액자이다. 액자는 특별하지 않다. 간단한 단어가 하나씩 적혀 있다. '감사와 배려'이다. 아이들이 아주 어렸을 때부터 걸어 놓은 것이다.

액자를 자세히 들여다보면 단어 아래에 뜻이 적혀 있다.

"남과 비교하지 않고, 이미 나에게 주어진 것으로 충분히 좋아하다."

'남과 비교하지 않고'라는 말이 없으면 이 풀이는 큰 힘을 발휘하지 못한다. '충분히 좋아하다'는 처음에 '충분히 만족하다'였다. 고민 끝에 단어를 바꾼 것이다. 이유는 간단하다. 아이들이 받아들일 수 있는 언어를 찾으려는 의도였다. 또 하나의 액자에는 '배려'라는 단어와 그 풀이가 적혀 있다.

"내가 충분히 할 수 있지만, 옆 사람에게 한 번 더 기회를 주다."

이러한 풀이를 만드는 과정에서 나는 고민이 깊었다. 말은 쉽지만, 이것이 얼마나 어려운지 알고 있었기 때문이다. 자신감을 경험하지 못한 상태에서 배려를 먼저 강요당하면, 오히려 수동적인 삶이 될 수 있다. 노력으로 실력을 키우지 않으면서 배려가 심어지면 성취감으로 건너가는 다리가 끊어지게 된다. 실제로 무엇인가를 할 수 있는 능력이 없고, 하려고 하는 노력이 없는 상태에서 양보하는 것은 겸손이 아니라 핑계이다. 이런 고민을 담아낸 표현이 바로 '내가 충분히 할 수 있지만'이다.

어린 시절에 형성된 자기조절의 힘은 일생의 삶에 영향을 끼친다. 이를 잘 보여주는 것이 '마시멜로 실험'이다. '순간의 욕구를 참아낸 아이들이 성공한다'(조선일보)라는 기사는 마시멜로 키즈의 인생추적 내용을 소개하고 있다. 1966년 네 살배기 여아 캐럴린 와이즈는 미 스탠퍼드대의 게임방으로 초청을 받았다. 와이즈가 의자에 앉자 연구원은 마시멜로와 쿠키, 프렛즐을 보여주며 하나를 고르라고 했다. 와이즈가 마시멜로를 고르자 그는 '지금 먹으면 마시멜로를 한 개만 먹을 수 있고, 15분 기다리면 두 개를 주겠다'고 말했다. 와이즈의 오빠 크레이그도 똑같은 실험에 참여했다. 캐럴린은 기다렸고, 오빠는 못 기다렸다. 이것이 바로 국내에서만도 250만부 이상 팔린 스테디셀러 '마시멜로 이야기'의 토대가 된 '마시멜로 법칙'의 실험이다.

스탠퍼드대학 월터 미셸(Mischel) 박사가 시행한 당시 실험 참가자는 653명. 스탠퍼드대학 심리학과 부설 빙(Bing) 유아원 어린이들을 중심으로 시행됐다. 더 큰 보상을 기대하고 15분을 꾹 참은 아이들은 참가자의 30%에 불과했다. 아이들이 유혹을 견딘 평균 시간은 단 3분. 그나마 대부분은 30초도 지나지 않아 마시멜로를 먹어버렸다.

1981년, 15년 전 이 실험에서 기다린 그룹과 기다리지 않은 그룹을 대상으로 문제해결능력·계획수행능력·SAT(미국 수능시험) 점수 등을 조사했다. 15분을 기다렸던 아이들은 30초를 못 넘긴 아이들보다 SAT 평균점수가 210점이나 높았다. 가정이나 학교에서 기다린 아이들이 모든 분야에서 훨씬 우수하다는 것을 알 수 있었다.

한편, 그 아이들이 모두 성인이 된 이후 그들은 어떤 삶을 살고 있을까. 시사주간지 뉴요커는 최근 마시멜로 법칙의 후속연구가 한창이라고 소개하면서 당시 기다린 그룹은 현재도 '성공한 중년의 삶'을 사는 데 반해, 기다리지 않은 그룹의 아이들은 비만이나 약물 중독의 문제들을 갖고 있다는 것을 발견했다고 보도했다.

이 결과는 지능지수(IQ)를 통한 구분보다도 정확했고, 인종이나 민족에 따른 차이는 없었다. 캐럴린 와이즈는 스탠퍼드대를 나온 뒤 프린스턴대학에서 사회심리학 박사 학위를 받고 현재 퓨젯사운드대 교수로 있다. 한 살 위인 오빠 크레이그의 삶은 대조적이다. 로스앤젤레스에 살고 있는 그는 안 해 본 일이 없는 삶을 살고 있다. 이것이 바로 자기조절력이 만들어낸 결과이다.

자기조절력

지금 하는 일이 매우 재미있지만, 딱 그 일을 그만둘 수 있는 힘.

현재 하는 일이 너무 지루하지만, 그것을 계속할 수 있는 힘.

몇 가지 중요한 기준을 발견할 수 있다. 어린 시절의 선택과 태도는 청소년기와 일생에 영향을 미친다. 조절, 절제 등 내면의 힘을 키워주는 것이 중요하다. 그렇다면 부모가 할 수 있는 것은 무엇일까. 내면의 힘을 심어주는 것이다. 적어도 부모가 그것을 심어줄 수 있는 시기는 사실 정해져 있다고 볼 수 있다. 미리 의도하고 자녀가 어린 시기부터 시작하지 않는다면, 나중에 늦었다는 생각으로 갑자기 교육하기는 쉽지 않다. 더 많은 에너지가 들면서 효과도 미미하다. 심지어 반발과 부작용이 일어나기도 한다.

그렇다면 시기의 한계가 언제냐고 물어본다면, 나로서는 이렇게 대답할 것이다. 충분히 이해되지 않더라도 아버지가 말하는 것이니, 그래도 신뢰하고 받아들일 수 있는 그 시기까지이다. "아버지, 나는 스마트폰 언제 사 줄 거예요?"라고 물어보는 시기와 "아버지, 나는 왜 스마트폰 안 사줘요?"라고 물어보는 시기는 다르다. 두 번째 질문이 나오는 순간, 이미 아이가 불만을 느끼고 있는 것이다. 이 시기가 되면 아무리 논리적으로 자기조절력을 설명하고, 스마트폰 중독, 뇌의 부작용 등을 설명해도 답변은 "다른 친구들은 다 쓰는데요?"가 나온다. 논리적 설명이 어렵다는 것이다.

그러한 질문이 나오기 전까지 최대한 자기조절력을 키워주고, 아버지에 대한 신뢰모드로 버텨보는 것이다. 버틴다는 표현은 정말 솔직한 버전이다. 스마트폰만큼 재미있는 것이 또 어디 있을까. 그것을 막고 서서 어린아이에게 더 나은 세상을 말하는 게 쉬운 일은 아니다. 이렇게까지 버티는 데는 나름의 이유와 설명이 아버지 자신에게는 필요하다.

2006년 런던대학의 심리학 교수 세이어와 교육학과 교수 아데이는 영국의 초등학생과 10대 청소년을 대상으로 한 인지능력에 관한 대규모 연구 결과를 발표했다. 이들은 2006년 당시 학생들이 7년 전의 학생들에 비해, 문제해결력이나 이해력 등의 인지능력이 떨어지며 심지어 15년 전이나 20년 전 학생들이 대부분 풀었던 문제를 반도 풀지 못한다는 놀라운 조사결과를 보고했다. 논리적 사고력, 분석적 사고력 등을 나타내는 인지능력의 저하는 전 조사 연령대에 걸쳐 일관되게 나타났다. 당시 이러한 연구결과에 충격을 받은 영국의 교육전문가와 아동전문가들이 모여서 대책 회의를 했다(네이버캐스트. 생활 속의 심리학. 참고).

'무엇이 학생들을 멍청하게 만드는가?'

이런 주제하에 다양한 전문가 토론이 이루어졌고, 대표적 요인으로 다섯 가지가 제시되었다. 정크푸드, 지나친 경쟁교육, TV, 인터넷 게임, 작은 어른을 양산하는 마케팅이다. 이 연구결과에 지금은 하나가 더 추가될 것이다. 바로 스마트폰이다. 이러한 요인들은 기다리지 못하는 아이들, 그리고 생각하지 못하는 아이들을 만들어낸다. 물론 반론도 있을 수 있음을 인정한다. 스마트폰과 게임으로 인해 창의성과 사고력이 계발된다는 설명도 충분히 가능하다.

아버지는 근거를 찾아내고, 그 근거를 바탕으로 판단한다. 어떤 것을 통해 잃는 것과 얻을 수 있는 것의 사이즈를 비교한다. 시간이 흘러 회복가능성, 복원가능성도 비교한다. 그리고 선택한다.

나는 그 선택의 하나로 스마트폰 사용을 최대한 줄이는 방안을 선택한 것이다. 언젠가는 우리 집 아이들도 스마트폰을 사용하겠지만, 조그만 더, 조금만 더 시간을 벌어보자는 것이었다. 하지만, 무작정 금지하고 눈과 귀를 막는 것이 능사는 아니라고 생각한다. 대체재라는 것이 필요하다.

아이들이 에너지를 풀 수 있도록 각별히 신경 쓰라

인재상도 좋고, 교육철학도 좋다. 어린 시기에 자기조절력을 키우는 것도 좋다. 그런데 모든 아이에게, 모든 시기에 이것이 쉽게 적용되기는 어려운 일이다. 재미보다 의미를 선택할 만한 나이도 아니다. 따라서 다른 재미있는 소재를 제공해주어, 스마트폰이 없다는 사실을 참아야 한다는 생각이 들지 않도록 해야 한다.

나는 아이들에게 운동, 음악, 영화, 그리고 자신이 좋아하는 분야의 책을 마음껏 읽을 수 있도록 지원해주었다. 그중 가장 공을 들인 것은 독서이다. 아버지의 서재를 아이들에게 내어주면서까지 책을 마음껏 읽게 해주었다. 자녀 세 명이 보란 듯이 자신의 서재를 갖고, 가꿀 수 있도록 배려하였다. 어떤 한 권의 책에 관심을 보이면, 그 책과 관련된 시리즈 전체를 읽게 해주고 이를 책장에 하나씩 채우며 자신의 세계를 구축하도록 했다.

물론, 더 좋은 대체재가 많을 것이다. 가족과 함께 여행을 다니거나 다양하게 체험할 수 있는 환경을 만들어주는 것이다. 그러나 거기까지는 부모로서 나의 한계가 있었다. 할 수 있는 범위 내에서 최선을 다할 뿐이었다. 그래서 간접적인 방법을 통해서라도 흥미를 느끼고 시야를 확장하도록 도와주었다.

독서 다음으로 신경을 쓴 것은 음악과 운동이다. 그리고 또 하나 즐거움의 요소로 영화를 자주 보게 해주었다. 사고 싶은 책을 구입하는 것에 제한을 두지 않았던 것처럼, 보고 싶은 영화가 나오면 극장에서 볼 수 있도록 했다. 그 외에도 아이가 보면 유익할 만한 수많은 영화를 틈틈이 집에서 보여주었다. 솔직히 밝히자면, 스마트폰을 주지 않은 대신 노트북을 주었다. 노트북으로 문서를 다루거나 과제를 하기보다는 정말 좋은 영화들을 노트북에 세팅해주었다. 해리포터, 반지의 제왕, 나니아 연대기 등을 비롯하여 주옥같은 영화들을 보고, 자기 스스로 폴더를 정리하여 영화 노트북으로 만들도록 하였다.

가정의 영화노트북에 있는 〈어린 시절 보아야 할, 아버지 추천 베스트 영화〉 중 자녀들이 본 영화는 다음과 같다.

거울나라의 앨리스, 괴물, 국가대표, 귀향, 네이든, 더 임파서블, 도리를 찾아서, 두근두근 내 인생, 드리머, 라이언 일병구하기, 레이스, 로봇소리,

리멤버 타이탄, 리틀러너, 마이리틀 자이언트, 맨발의 기봉이, 명량, 미나 문방구, 미라클 프롬 헤븐, 미안해 사랑해 고마워, 버킷리스트, 베른의 기적, 블라인드 사이드, 블랙 가스펠, 비긴어게인, 비투스, 빌리엘리어트, 샌안드레아스, 설리 허드슨 강의 기적, 세기의 매치, 셀마, 소원, 쇼생크탈출, 쉰들러리스트, 슈퍼 프렌즈, 스타워즈 시리즈, 슬로우 비디오, 승리의 탈출, 신과 나눈 이야기, 신은 죽지 않았다, 아기배달부 스토크, 아이 엠 샘, 아이스에이지 시리즈, 앨빈과 수퍼밴드, 어거스트러쉬, 언터처블 1%의 우정, 에이트 빌로우, 오베라는 남자, 옥토버 스카이, 우아한 거짓말, 우주전쟁, 울지마 톤즈, 워호스, 원챈스, 이미테이션 게임, 인빅터스, 인생은 아름다워, 일라이, 존큐, 주토피아, 죽은 시인의 사회, 챔프, 천국에 다녀온 소년, 초콜렛도넛, 카이 거울호수의 전설, 카트, 쿠보와 전설의 악기, 크로싱, 킹스스피치, 킹콩을 들다, 태극기 휘날리며, 트루먼쇼, 패션 오브크라이스트, 포레스트 검프, 피터와 드레곤, 행복을 찾아서, 히로인 실격 등.

– 2016년 12월 기준

여기에 배트맨 시리즈 전편, 해리포터 시리즈 전편, 헝거게임 전편, 마블 시리즈 전편 등 블록버스터 대부분은 관람등급에 따라 극장에서 먼저 보고, 이후 노트북에 별도의 폴더를 만들어주었다. 그리고 영화로 본 것 중에 책으로 나온 것은 대부분 책도 읽도록 격려하였다.

스마트폰 사주는 것을 최대한 미루기 위해 '내면의 힘'이라는 핑계를 찾음과 동시에 아이들이 집중할 수 있는 다른 환경에 대해 고민하였다. 집을 도서관으로 만들어 좋아하는 책에 마음껏 빠지게 하였다.

TV가 없는 대신 미디어룸 시스템으로 가족과 함께 좋은 영화를 마음껏 즐길 수 있도록 환경을 만드는 일에도 집중하였다.

스마트폰을 주지 않으면서 미디어룸을 만드는 것은 이율배반처럼 보일 수도 있다. 스마트폰을 사용할 수 있는 조절력을 키우는 시간을 벌면서, 한편으로는 미디어를 잘 사용하는 행복을 만끽하게 하고 싶었다. 가족과 함께 영화 보는 요일을 약속하고, 공개적으로 피파 게임을 하는 시간을 약속하였다. 단순히 스마트폰을 사주지 않고 금지시키는 것에 집중하지 않고, 오히려 긍정적으로 더 행복한 삶을 누리기 위해 보호받고, 또한 최소한의 원칙과 약속이 이루어지면 충분히 자유를 누릴 수 있다는 점을 전달하는 것이다.

아들의 경우, 초등 때는 피파온라인 게임을 정해진 시간에 하게 했다. 중학교에 올라가서는 롤게임을 하게 해주었다. 무조건 통제하기보다는 기준을 만들어주고, 그 기준 위에서 누리는 법을 가르쳐준 것이다. 잠시 참아야 하는 것은 스마트폰 하나이지만, 그 외에 누릴 것은 충분히 누리게 해주었다. 물론 완벽하지는 않다. 아이가 느끼기에는 영화를 더 보고 싶고, 게임을 더 하고 싶었을지도 모르기 때문이다.

아이가 처음으로 '롤게임을 하고 싶어요'라고 말했던 기억이 난다. 그것조차 막을 수는 없었다. 중학생이라는 사실과 그 게임이 정말 재미있다는 사실, 그리고 주변 친구들이 하는 것을 자주 보고 들었다는 사실을 감안했을 때 무조건 막기보다는 적당한 약속과 기준을 함께 상의하여 오픈하기로 하였다. 손에 스마트폰을 쥐어주는 것과 게임을 하는 것은 근본 자체가 다르다. 스마트폰은 통제와 조절의 한계가 명확하다. 그리고 한 번 그 자극에 노출되었을 때, 마치 스마트폰을 쓰지 않았던 것처럼 되돌리기가 불가능하다는 것을, 아니 정말 잔인한 짓이라는 것을 알고 있다. 그래서 최대한 버텼던 것이다. 그러나 게임은 적절한 시간, 공간, 약속만 부여되면 영화, 독서, 음악, 운동과 같은 대체재로 여겼다. 문제는 어떤 규칙과 약속을 만드느냐이다.

"어떤 게임을 언제, 어느 정도 하고 싶니?"

이 문제를 두고 거창하게 가족회의까지 했다. 아들과 목욕탕에 가서 맨몸 토론도 했다. 언제 어느 만큼을 해야 하는가를 결정해야 했다. 점차 늘려가는 것은 쉽지만, 충분히 하던 게임을 점차 줄이는 작업은 상당한 에너지를 요구하고, 오히려 몰래 게임을 하려는 충동을 유발한다. 따라서 적정시간을 찾는 처음 토론이 중요하다. 일주일에 한 번, 두 시간 정도로 시작하였다. 이 시간은 아이와 함께 결정했다. 이런 방법은 학문적인 것도 아니고, 실전 매뉴얼이 있는 것도 아니다.

「아이가 중학교 1학년 때까지 스마트폰은 막고, 게임은 6학년 때 공식적으로 오픈하되, 협의를 거쳐 약속과 문화를 만들어야 한다. 게임문화를 처음 접할 때 적정한 시간은 2시간이고 주 1회이다. 이를 매주 대화하며 충분 정도를 함께 대화하며 조금씩 수정해간다.」

뭐 이런 매뉴얼이 있단 말인가. 이런 건 없다. 고민 고민 끝에 경험적으로 찾아간 것이다. 그리고 이러한 경험도 사실 정답은 아니다. 부모로서, 아버지로서 나의 접근법일 뿐이다. 그런데 듣는 사람은 매우 그럴듯하게 들릴 수도 있다. 의사결정의 과정, 판단의 근거, 차단하는 것과 오픈하는 것의 구분 등 뭔가 특별한 매뉴얼이 있는 듯하다. 다시 말하지만, 그런 건 없다. 그럴듯해 보일 뿐이다. 그런데도 이러한 판단 과정에 뭔지 모를 여유와 믿는 구석이 느껴질 뿐이다.

중학생 자녀에게 '게임'이라는 새로운 세상의 문을 열어주면서 이처럼 여유롭게 의미교육을 하는 모습이 한편으로는 무모해 보일 수도 있고, 현실감이 없어 보일 수도 있다. 물론 나의 이런 태도에 공감하는 아버지들도 분명 있을 거라 확신한다.

'도대체 어디서부터 이런 여유가 나오는가'라고 굳이 내게 묻는다면, '인재상이라는 기준과 선택의 결정권 이양'이라고 말하고 싶다. 아이를 어떤 사람으로 키우겠다는 인재상이라는 기준, 그리고 어떤 결정을 내리는 과정에 자녀와 대화하며 작은 결정권을 아이에게 넘기는 방식이다.

인재상은 여유를 만들어준다. 왜냐하면, 큰 그림이 있기 때문이다. 결정권을 넘기는 소통방식은 아이에게 책임감을 키우기에 적절하다. 물론 이 과정에 몇 가지 전략들이 수반된다. 인재상에 근거하여 가정 전체가 굴러가는 운영체제 또는 문화 등이 필요하다. 부모의 언어와 삶조차도 그 인재상을 추구해야 한다. 또한, 일주일에 한 번, 딱딱하지 않을 정도의 '가족 피드백타임'이 있어야 한다. 그래야 "이번 주 게임 어땠어?"라고 물어보는 게 자연스럽고, 이런 대화를 통해 건강하게 게임을 즐기고, 게임을 음지가 아닌 양지로 끌고 갈 수 있다.

인재상의 기준과 원칙이 있으면 왜 '여유'가 생길까? 인재상이 있는 집의 교육을 흔히 '방목' 교육이라고 한다. 인재상이 없는 가정의 교육

아빠의 믿는 구석 비결

- 인재상의 기준이 만든 원칙
- 일상의 선택에 대한 자녀 결정권
- 함께 수정하고 조절해가는 가족 피드백 문화

은 '방치'교육이라고 한다. 방목의 원래 의미는 양이나 소를 일정 범위에 풀어놓고, 마음껏 풀을 뜯어 먹게 하는 것이다. 그런데 가끔 양이 경계를 넘어서면 단호하게 막는다. 혹은 넓은 범위에 큰 울타리를 만들고, 그 속에서 마음껏 머물게 하는 방식이다.

방목교육은 이런 방식과 유사하다. 집안에 자녀상, 인재상, 교육철학이 세워져 있다면, 그것을 울타리 삼아 기준을 정립한다. 그런 뒤, 자녀와 관련된 일상의 사소한 결정권은 자녀에게 넘긴다. 다만, 이 과정에서 결정을 내리기 위한 정보를 제공해주는 것은 부모역할이다. 중요한 것은 이때 자녀가 완벽한 결정을 내릴 거라는 기대는 내려놓는다. 왜냐하면, 시행착오를 통해 성찰하고, 수정하면서 책임감을 키워나갈 것이라는 믿음이 있기 때문이다. 사소한 결정권을 넘기면서 넉넉하게 갈 수 있는 것은 '울타리'라는 믿는 구석이 있기 때문이다.

결국, 이런 과정이 쌓이면서 자녀를 인재상이라는 큰 방향으로 이끌어간다는 믿음이 있다. 작은 결정권을 자녀가 사용하지만, 행여 울타리를 넘어선다면 즉 인재상에 어긋나는 행동을 할 때는 엄격하게 훈계를 한다. 사소한 결정권을 넘기되, 중요한 기준은 일관되게 강조한다. 아이의 내면에 '우리 집은 이것만 주의하면 된다. 이것만 지킨다면 나머지는 정말 자유롭다.' 이런 생각이 든다면 성공이다. 나는 자녀에게 회초리를 드는 경우가 거의 없지만, 그나마 드는 경우는 '감사와 배려'라는 인재상을 어겼을 때이다.

인재상이 없는 가정은 '방치' 교육이라고 했는데, 여기서 방치는 기준이 없는 것이다. 교육철학이 없는 것이다. 부부의 일치하는 교육목표가 없는 것이다. 자녀를 어떤 사람으로 키우겠다는 일치된 방향이 없다는 것이다.

이런 가정은 두 가지 문제 패턴에 매일 직면한다. 첫째, 사소한 결정권으로 싸운다. 둘째, 결국 부모가 결정권을 행사한다. 자녀가 푸는 문제집과 분식메뉴까지 간섭한다. 학원, 친구, 일정, 취미 등 모든 영역에 간섭한다. 최선의 결정을 부모가 내리고, 부모를 따라서 오라고 한다. 그런데 방향은 없다. 그러다 보니, 옆집 엄친아에게서 기준을 끌어온다. 비교의 기준이다.

이렇게 되면 매일매일 사소한 싸움이 있다. 이것은 단기적인 부작용이다. 그리고 지속적으로 상황이 반복되고 쌓이면서, 결과적으로는 자녀가 '의존형 인생'으로 성장하게 된다. 스스로 선택하고 책임지며 성장해가는 경험이 부족하다 보니, 책임을 전가하는 습관이 생긴다. 새로운 도전을 받아들이지 않으려는 태도를 보인다. 학창시절 그들의 유일한 목표는 성적인데, 그 목표를 이루면 목표가 사라지고, 대학이 목표인데 대학에 입학하면 목표가 사라지는 공허함에 시달린다. 그러면 그다음으로 취업이라는 목표를 '부모'가 세워줄 것이다.

인생 전체를 봤을 때는 인재로 성장하기 어렵다. 아니 애초부터 그런 인재상이 없었다. 성공해도 행복하지 않고, 그 성공은 부모의 성공이라고 여기며, 행여 성공하지 않을 때는 '부모 때문이다'라고 책임을 전가한다. 결정한 사람이 책임을 지는 것은 '삶의 원리'이기 때문이다.

울타리 있는 방목 교육		울타리 없는 방치 교육
• 가정의 원칙과 기준을 세움 • 인성 중심의 인재상 • 자녀는 인재상을 명심 • 인재상만 어기지 않는다면 사소한 삶의 결정권을 자녀가 가짐 • 부모는 믿어주고 선택권 넘김 • 시행착오를 통해 책임감 배움 • 열매를 통해 성취감을 익힘 • 자립형 인생으로 성장함	VS	• 가정의 원칙과 기준 없음 • 공부, 성적 중심의 선택 기준 • 일상에서 사소한 결정권 싸움 • 결국 부모가 결정권 행사 • 점차 성장하면 순종에 문제제기 • 결과에 대해 서로 책임 전가 • 부모 자녀 둘다 행복하지 않음 • 의존형 인생으로 성장함

글의 취지를 백번 이해한다고 하더라도, 한 가지 우려가 제기될 수 있다. 인재상이라는 울타리를 두르는 것이 솔직히 말하면 자녀의 자유를 제한하는 구속이 되지는 않을까. 이런 우려이다. 당연히 그렇게 생각할 수 있다. 하지만 이렇게 말하고 싶다. 철로가 견고히 놓이면 기차는 빛이 난다. 엄청난 속도를 낼 수 있다. 튼튼하게 풀을 먹인 연줄에 달린 연은 자유롭게 바람을 가르며 하늘에 떠오른다. 울타리는 구속이 아니라 자유를 주는 것이다. 안정감을 주는 것이다. 마음껏 성장할 수 있는 판을 깔아주는 것이다. 이 말을 듣고 혹시 또 이런 걱정을 하

는 사람이 있을 것이다.

'자유를 제한하는 게 아니라면, 반대로 너무 결정권을 다 줘 버린다면… 흠, 이건 좀… 뭐랄까 자녀에게 오히려 너무 소홀한 것은 또 아닐까?'라고 말이다.

멘토 부모와 매니저 부모의 차이로 설명하다

인재상을 바탕으로 자녀를 키우는 부모의 모습이 혹시 자녀에게 뭔가 소홀한 것 아닌가 하는 생각을 하는 이도 있을 것이다. 자녀를 위해 더 해줄 수 있는 것을 하지 않는 직무유기라고 생각할지도 모른다. 부모가 더 노력해서 자녀가 더 나은 삶을 살 수 있는데, 그것을 하지 않는 것은 부모로서 게으른 것이 아니냐. 즉, 부모역할을 다 하지 않은 것이라고 목청을 높일 이가 있을 수 있다. 우리는 이런 부모를 '매니저형 부모'라 부른다.

그런데 이런 유형이 가장 일반적인 부모 타입임을 인정하지 않을 수 없다. 마치 자녀를 낳는 순간, 숙명으로 받아들여야 하는 삶으로 인정하는 듯하다. 그러니까 자연스럽게 세상을 살면서 결혼하고 자녀를 낳아 양육하는 '시간의 법칙'에 그대로 인생을 맡겨둔다면 매니저 부모가 된다. 세상의 시간순서에 맡기기는 하지만, 불안하니까 세부적으로 개입하는 타입이 바로 매니저타입이다. 그런데 불편하지만 그렇게 살지 않기로 하면 그 순간부터는 연어처럼 에너지를 사용하여 물살을 거슬러 올라가야 한다.

이것은 어려운 과정이다. 왜냐하면, 자신의 내면 싸움이 치열하기 때문이다. 어떤 싸움이 일어날까. 남들이 다 하는 방식을 거부해야 한다. 더 공부시키고, 그러기 위해 더 학원을 돌리고, 자녀의 일거수일투족을 살피면서 분 단위로 관리해서 '성공방정식'에 자녀의 인생을 대입시키는 일반론을 거부해야 한다. '공부=성적=좋은 대학=성공'이라는 방정식을 따라가야 하는 유혹을 뿌리쳐야 한다. 어떤 것의 유혹을 뿌리치거나, 치열하게 내적 싸움을 할 때 만약 그 싸우는 방식이 눈을 감고 '하지 않을 거야'를 수없이 주문처럼 말한다면 전략치고는 허술하다.

게임을 끊어야 하는 자녀가 게임을 끊는 방법으로, 컴퓨터 앞에 앉아서 머리에 띠를 두르고 '게임 생각을 하지 않는다'를 주문처럼 외우고 있는 모습과 유사하다. 이때는 오히려 축구클럽에서 공을 차거나, 댄스동아리에 미친 듯이 몰입하는 것이 더 나은 방법이다. 더 긍정적인 대체재를 선택하는 것이다. 더 강력한 것, 더 효과적인 것, 더 행복한 것을 선택해야 한다. 관리형 매니저 부모가 되기를 거부하고, 인격적인 관계를 추구하는 멘토형 부모가 되기를 선택하는 것이다.

멘토의 유래는 기원전 1250년경 오디세우스왕과 그의 아들 텔레마코스 이야기에서 비롯되었다. 전쟁을 나가는 위대한 왕은 전쟁 그 자체보다 '유약한 아들'이 걱정이었다. 남자답고 모두가 존경하는 왕의 모습을 떠올려보자. 아니 그런 아버지가 있다고 생각해보자.

우리 주위에서도 가족 중에 정말 자랑스러운 존재가 있을 수 있다.

그런데 이것도 가능하다. 완벽한 아버지의 그늘에서 혹시 그에 못 미치는 아들은 위축된다. 그런 형 앞에서 동생은 작아진다. 텔레마코스도 어쩌면 그런 상황이었으리라. 오디세우스는 전장을 향해 나가면서 친구인 '멘토'에게 아들을 부탁한다.

"친구여, 내 아들을 부탁하네!"

전쟁을 마치고 고향으로 돌아온 왕은 몰라볼 정도로 성장한 아들을 만나게 된다. 아들은 이미 왕처럼 자라 있었다. 친구 멘토는 어떻게 텔레마코스를 교육했을까. 여기서 멘토의 교육법, 양육법을 현대의 방식으로 의미를 부여하고, 적용한 것이 멘토링 교육법이다.

이러한 방식을 따르는 부모를 멘토형 부모라고 한다. 멘토는 지식을 주입하지 않고, 질문을 통해 사고를 꺼내도록 돕는다. 인격적인 관계 형성으로 때로는 친구처럼, 때로는 안내자, 때로는 조언자가 되어 생각이 성장하도록 돕는다. 이러한 멘토링 방식을 지금 현재를 사는 부모의 일상으로 가져올 때, 가장 중요한 접근법이 있다. 그것은 바로 '결정권'을 자녀에게 넘기는 것이다.

결정권을 넘긴다는 것은 '시행착오'를 겪는다는 것을 인정하는 것이다. 바로 이 부분이 매니저형 부모와 극명하게 엇갈리는 차이점이다. 매니저 부모는 시행착오를 겪지 않게 하려고, 결정권을 자녀에게 넘기지 않는다. 그래야 성공한다고 믿기 때문이다. 이렇게 성장한 아이는 결국 의존형 인생으로 살아갈 가능성이 높다. 멘토 부모와 함께 자란 자녀는 독립형, 자립형 인생으로 살아갈 기반을 갖춘다.

혹시 결정권을 넘기지 않는다면

그러고 보니 방목의 양육방식과 멘토링은 의미상으로 일맥상통한다. 가정 양육의 중심이 아버지라는 구심점으로부터 시작되어 가정의 인재상을 세우고, 이를 바탕으로 절대 넘지 말아야 할 최소한의 울타리를 친다. 이후 삶의 소소한 결정권은 자녀에게 넘기는 연습을 시작한다. 결정권을 넘긴다는 것은 구체적으로 어떤 모습일까? 이는 추상적인 모토가 아니라, 매우 치열한 현실의 한복판을 말한다.

딸아이에게서 아침마다 반복적으로 듣는 말이 있다. "나 오늘 뭐 입어요?" 특히 막내딸이 이런 질문을 자주 한다. 유치원생인 막내 아이가 이렇게 물을 때, "입기로 한 거 입어!"라고 하거나 "엄마가 정해준 거 그냥 입어!"라고 습관적으로 대답할 수 있다. 왜냐하면, 아침 시간이고 바쁜 시간이기 때문이다.

하지만 바로 그 순간 엄마는 체셔 고양이에게 배운 방식을 바로 적용한다. "나, 뭐 입어?"라고 물어보면, "뭐 입고 싶은데?"라고 되묻는다. 이렇게 답변하면, 매우 자연스럽게 딸은 고민하며 중얼거린다. "뭐 입을까…"라고 말하면서 행동한다. 때로는 이미 마음속에 입고 싶은 것을 생각해 놓은 상태에서 부모에게 확인을 위한 물음으로 "뭐 입어?"라고 물어보는 경우가 많다. 결정권을 넘긴다는 것은 바로 이런 사소한 현장의 언어를 바꾸는 것이다.

더 실제적인 예를 들어보자. 가령 중학교 3학년 아들이 어느 날 학교에서 동기부여 강연을 들었다. 집에 가서 엄마에게 말한다. "엄마, 나 학원 그만두고 집에서 자기주도학습 할게"라고 한다. 그 순간 엄마라면 어떤 마음이 들까. 두 가지 불편한 전제가 떠오른다.

첫째, 이전에 수없이 아들에게 실망했던 기억, 약속하고 지키지 않았던 기억, 뭔가를 한다고 해놓고서는 작심삼일을 반복했던 것들이 떠오른다. 둘째, 학원을 안 다니면 불안하다. 더군다나 유명한 강사의 수업을 어렵게 따낸 것이다. 그래서 답변은 간단하다. "조용히 하고, 학원 다녀라. 이제 안 속는다. 또 무슨 바람이 불어서 그러니." 이런 답변이다. 답변이 아니라 엄마의 입에서 숨을 쉬듯 물 흐르듯이 나오는 호흡과 같은 답변이다.

마음 착한 아들은 엄마를 꺾을 수 없다는 것을 알기에 고개를 숙이고 방으로 들어간다. 학원을 억지로 계속 다닌다. 공부를 억지로 계속한다. 엄마가 시키는 대로 말이다. 이렇게 공부를 했더니 능률이 떨어지고 결과가 잘 안 나왔다. 그 결과를 가지고 아들이 다시 엄마 앞에 선다. "거봐. 내가 뭐랬어. 학원 안 다니고 스스로 한다고 했지. 엄마가 하라는 대로 했더니 이게 뭐야. 엄마가 책임져!" 엄마 입장에서는 기가 막히고 어이가 없다. 자기가 공부하지 않아서 낮은 성적을 받아놓고는 엄마 책임이란다. 이런 엄마 마음 이해가 된다. 그러나 정말 미안하지만 아들의 표현은 엉뚱하지 않다. 엄마가 결정한 것이었다. 그래서 너무도 자연스럽게 엄마는 책임감을 느끼게 된다. 불편하지만 사실이다.

이것을 인생 전체로 확장해보는 것은 어떨까. 어린 시절 영어유치원부터 시작해서 문화센터 돌리고, 청소년기를 학원과 함께 살게 했다. 심지어 인생의 꿈도 직업도 목표도 모두 엄마가 세워줬다. 이렇게 해서 그 목표를 이루면 그것은 엄마의 성취이다. 좌절된 엄마 인생의 꿈이 자녀를 통해 이루어지는 것이다. 그런데 대부분 이렇게 자라는 자녀의 경우, 목표를 끝까지 이루는 내면의 힘이 부족하다. 목표를 못 이루게 되거나, 불행한 인생을 살게 되면 결국 자녀는 인생을 모두 압축하여 한마디를 부모에게 한다. "다 엄마 때문이야!"

무서운 결말이다. 아침드라마의 주인공 엄마가 되는 느낌이다. 일단, 엄마를 이런 상황에서 벗어나게 아버지가 도와주자. 이제 악역을 엄마에게 몰아주지 말고, 전혀 새로운 방식의 접근을 아버지가 시작함으로써 아이도 살고, 엄마도 살리자.

앞서 소개한 중학생의 결정적 상황을 다른 각도로 틀어보는 것은 어떨까. "엄마, 나 학원 그만두고 집에서 자기주도학습 할게." 그러면 엄마는 살며시 미소를 지으며 말한다. "아버지와 함께 상의해보면 어떨까?" 엄마의 독립선언서에 가까운 표현이다. 물론 아버지와 엄마는 이미 멘토의 삶을 선포했다. 인재상을 중심으로 자녀를 키우기로 다짐했다. 가정의 인재상을 정해 액자에 디스플레이했다. 그리고 나머지 결정권은 자녀에게 넘기며 살기로 부부가 마음을 이미 정한 상태이다. 아들은 아버지에게 달려간다. 일단 아버지는 아들의 말을 듣고 바로 결정권을 넘기지는 않는다. 기본적인 단계는 거쳐야 하기 때문이다.

"왜 그렇게 하고 싶은지 설명해줄 수 있을까?" 질문한다는 것은 설명하게 하는 것이다. 설명하려면 적어도 자기 속에서 한 번 더 정리해야 한다. 자신이 왜 이것을 선택하고자 했는지 돌아보게 한다. 이런 연습은 결정에 대한 책임감을 심어주고, 결정 이후의 행동에 힘을 심어준다. 사실 설명을 잘하건 못 하건 아버지는 이미 결정권을 넘기기로 결심한 상태에서 질문을 던지는 것이다.

"그렇다면, 한번 네 생각대로 해 봐." 아마도 이런 상황에서 아들은 뭔가 어색함을 느끼게 될 것이다. 예전에 대화방식과는 너무도 다르기 때문이다. 이렇게 쉽게 허락해주다니, 자신이 설명을 그렇게 잘한 건가. 별생각이 다 든다. 그런데 진정한 변화는 바로 그 순간부터 일어난다. 아이는 자신이 결정권을 가지게 된 것을 느끼기 시작한다. 부모가 자신을 믿고 결정을 존중해준 것이다. 힘을 실어준 것이다. 신뢰한다는 시그널을 보내준 것이다. 그 순간 아이의 마음속에는 뭔지 모를 뿌듯함이 올라온다. 이는 바로 '책임감'이라는 감성이 시작되는 순간이다. 그다음 상황을 더 상상해보자. 우리는 여기서 두 가지 결과를 모두 예상해야 한다. 첫 번째 상황은 그렇게 결정하고 학원을 중단하고 집에서 스스로 공부한다고 했지만, 생각만큼 공부가 되지 않았고 결과적으로 성적이 원하는 만큼 안 나올 수 있다. 자녀는 그 결과를 들고 아버지에게 온다. "죄송해요. 믿고 기회를 주셨는데… 어떻게 한 번에 되겠어요. 시간을 좀 더 주세요. 다시 해 볼게요."

두 번째 상황도 예상해보자. 반대의 경우이다. 노력한 결과 성적이 오른 상황이다. "거봐요. 내가 스스로 하니 되잖아요!" 성적이 나오지 않는 상황에서는 스스로 '책임감'을 느끼고 한 번 더 기회를 달라고 한다. 성적이 나오는 상황에서는 '성취감'이 충만하다. 이때 부모의 마음속에는 '신뢰감'이 생긴다. 이 모든 게 바로 결정권을 넘기는 것으로부터 시작된 것이다. 변화는 여기서 끝나지 않는다. 결정권이 만들어낸 책임감, 성취감, 신뢰감의 선순환이 그 이후의 다양한 선택상황에서도 적용이 된다. 아이는 점점 내면의 성숙을 이루게 된다.

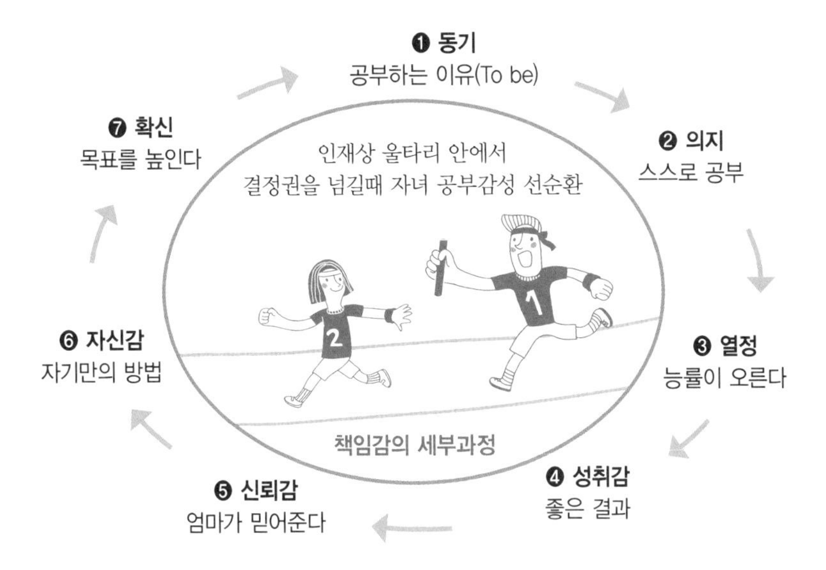

이제 어느 정도 프로세스가 눈에 들어올 것이다. 인재상을 바탕으로 아버지는 멘토가 되어 결정권을 넘기고, 자녀의 책임감을 키워주며, 성취감과 신뢰감이라는 선순환의 프로세스가 시작되는 것이다. 그럼 이제 우리 아버지들은 이 상황에서 가장 먼저 무엇을 해야 하는지 확실해졌다. 바로 가정의 인재상을 세우면 되는 것이다.

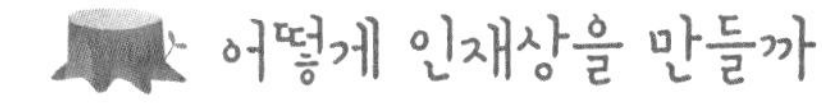

어떻게 인재상을 만들까

아버지 독서모임을 한 적이 있다. 그때 인재상을 주제로 대화한 적이 있다. 인재상의 중요성과 필요성에 대해 충분히 이해가 되었을 때쯤, 도대체 어떤 인재상을 만들어야 하는가, 어떻게 인재상을 세워야 하는가 등 방법적인 부분에서 질문을 받았다. 기업의 인재상과 대학의 인재상을 갖다 붙일 수도 없고, '근면과 성실' 이런 식으로 초등학교 입구 현관 위 벽돌에 적힌 단어를 그냥 붙이기도 아쉽다. 어떻게 하면 쉽게 이해를 시킬까 고민하다가 이런 제안을 해보았다.

딸을 키우는 아버지의 마음을 먼저 상기시켰다. 딸을 키우는 아버지의 행복만큼이나, 딸을 걱정하는 아버지들의 마음은 남다르다. 아버지들에게 이런 미션을 주었다.

"훗날, 딸이 아름답게 커서 대학을 마칠 무렵, 그 딸의 아름다움에 반한 열 명의 남자가 딸 앞에 줄을 섰다고 가정해보죠. 아버지 입장에서 그 남자들은 딸을 빼앗아가는 존재들이죠. 물론 최종 결정은 딸의 마음이 우선이겠지만요. 그래도 한 사람을 골라 예비사위를 딸에게 추천해야 한다면 과연 어떤 사람을 낙점하겠습니까? 다시 말해 어떤 조건을 갖춘 멋진 녀석에게 따님을 허락하시겠습니까?"

이 정도만 이야기하고 의견을 물었더니, 여기저기서 소리를 지르기 시작하였다. 리더십, 사랑, 근면, 성실, 목표의식, 배려, 헌신, 건강, 직장, 성품 등 어마어마하게 좋은 단어들이 쏟아지기 시작했다. 화이트보드에 그 단어들을 모두 적고, "그래도 이 중에서 꼭 하나를 선택해야 한다면 어떤 요소를 갖춘 사람을 낙점하겠습니까?" 토론을 부탁했다. 백분토론의 열 배 정도는 뜨거운 토론이 시작되었다.

"'사랑'이 넘치지만, '능력'이 없으면 가족이 배가 고픕니다."

"'인간관계'가 아무리 좋아도 바닥까지 내려가면 다 바뀝니다."

"'목표의식'이 중요하지만, 살아보니 그것이 행복을 보장하지 않더라고요."

주옥같은 명언들이 쏟아졌다. 아버지들은 얼굴이 벌게져서 토론을 마치고 하나의 단어를 발표했다. 어떤 단어가 최종적으로 선택되었을 거라 예상하는가. 과연 어떤 단어가 치열한 경쟁을 뚫고 살아남았을까. 예비 사위들 중에 이 덕목을 가진 사람이 딸을 데려간다면, 그나마 억지로라도 고개를 끄덕이겠다는 것이었다.

물론 이것이 유일한 정답은 아닐 것이다. 사람마다 다를 것이다. 바로 '성실'이었다. 이 단어를 대표로 발표한 참가자는 이러한 설명을 덧붙였다.

"적어도 근본이 '성실'한 사람은 가족을 끝까지 지킬 것 같습니다."

지금부터 가정의 인재상을 만드는 과정과 방법을 소개하고자 한다. 물론 아버지가 인재상을 정하고, 아내에게 의견을 구해도 좋다. 하지만 될 수 있는 대로 처음부터 상의해서 정하는 것이 중요하다. 어쩌면 이 과정에서도 아버지는 결정권을 아내에게 넘김으로써 건강한 책임감을 공유하는 효과를 얻을 수 있다. 이러한 결정권 넘기기 방식은 자녀뿐 아니라 부부 사이에서도 유용하다. 아내에게 이렇게 질문을 던지면 된다. "여보, 우리 이 아이를 어떤 사람으로 키울까요?" 허탈함을 느낄 정도로 너무 간단한 질문이다. 그런데 이 질문은 뜻밖에 높은 수준이다. 이렇게 질문하면 답변 자체의 수준이 조정된다. 상상해보자. 자녀

인재상 연습

어느 장인어른의 사위상

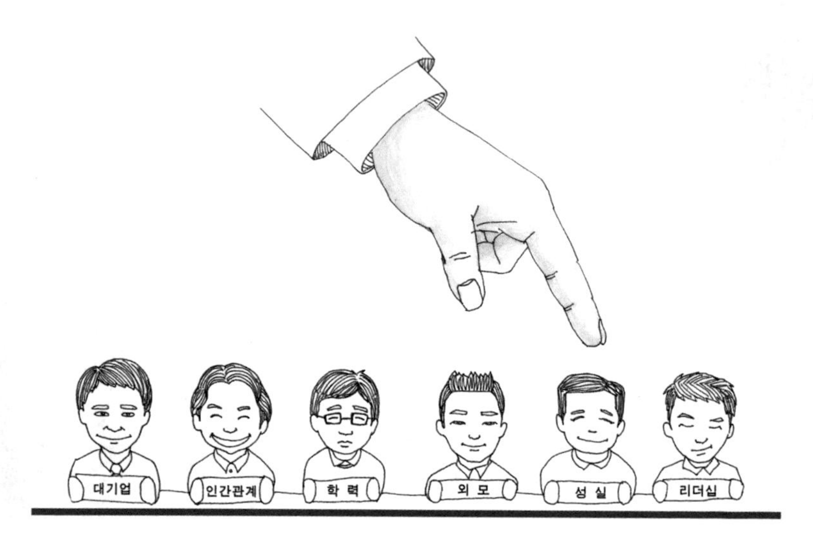

를 어떤 사람으로 키우면 좋겠냐고 정중하게 질문을 받았는데, 그 질문에 다음과 같은 답변은 왠지 어색하다.

"1등이요.", "의사, 교사, 판사, 변호사요."

"치열한 경쟁에서 이겨 살아남는 아이로 키우고 싶어요."

이것이 바로 질문의 힘이다. 질문 자체가 답변의 수준을 정해준 경우이다. 질문을 받은 아내들은 아마도 잠깐 생각을 하고는 여러 가지 의견을 꺼낼 것이다.

"행복한 아이요.", "자신이 원하는 것을 하며 살면 좋겠어요." "남을 배려하는 따뜻한 아이요."

학부모 유형검사라는 것이 있다. 검사결과지의 항목 중에 '부부일치도'라는 항목이 나온다. 부부의 교육철학이 일치하고, 한 방향으로 일관되게 나아가고 있는지 확인하는 것이다. 이런 과정으로 인재상을 세운 가정은 교육철학을 세운 가정이다. 이런 가정은 아버지를 중심으로 부모가 멘토가 된다. 울타리를 만들고 결정권을 넘긴다. 이런 가정의 아이들은 스스로 선택하고 책임지는 아이로 성장한다. 이런 가정의 방식은 학습에서도 효과가 있어서 자기주도학습자로 살아가게 된다.

아버지의 질문으로부터 인재상이 시작되는 경우도 있지만, 자녀를 중심으로 가정의 인재상을 함께 도출하는 과제를 수행해본 적도 있다. 자녀의 입장에서 자기 자신과 부모에게 질문하고 인터뷰 결과를 적어, 공통분모를 찾아가는 방식이다.

"아버지는 내가 어떤 사람으로 살아가기를 원해요?"

"자기가 좋아하는 것을 찾아, 도전하며 최선을 다하는 사람."

모든 가족구성원이 상의하며 인재상을 찾아가는 과정은 최고 수준의 퍼포먼스이다. 가족이 함께 책임감을 공유하는 것이다. 함께 성장하는 그림을 그린 것이다.

무엇이든 인재상이 나왔다면 이를 액자와 같은 형식으로 바꾸는 과정을 제안한다. 그렇게 하지 않으면 너무 쉽게 망각하고 다시 예전으로 돌아간다. 잊지 않기 위해, 기억하기 위해 시각화를 권한다.

인재상 액자를 보면 여러 가지 질문이 떠오른다. '나는 어떤 사람으로 기억되고 싶은가'로 풀어낸 아버지의 자아상, '자녀를 어떤 사람으로 키우고 싶은가'로 표현되는 인재상, 그리고 결정권을 넘기는가 그렇지 않은가로 구분되는 부모 멘토상도 보인다. 이쯤 되면 그림치고는 꽤 괜찮은 그림이 그려질 것 같은 좋은 예감이 든다. 하지만 실제 좋은 그림을 그리려면 마음을 단단히 먹어야 한다. 새로운 변화 앞에는 늘 그렇듯 도전이 있다. 특히 아버지들의 마음에는 늘 '합리적 의심'이 반론을 생성할 준비를 하고 있다. 이런 아버지들을 위해, 부연 설명이 필요하다. 끝까지 인재상을 믿고 가되 괜찮다고 설득해야 할 필요를 느낀다.

인재상을 믿고 끝까지 가도 되는가

인재상의 내용으로는 대부분 어떤 성품의 언어가 등장한다. 일단 인재상이 세워지면, 일관되게 그 기준을 강조하고 심어줌으로써, 그러한 내면을 가진 아이로 성장한다. 적어도 여기까지는 대부분 동의하고 의지를 다졌다. 그런데 여기서 마음 한구석에서 또 다른 해결되지 않는 작은 합리적 의심이 슬금슬금 피어오른다.

'이렇게 살면, 우리 아이만 손해 보는 건 아닐까?', '공부에 피해가 가지는 않을까', '성품이 좋아 남을 챙겨주다가 결국 자기 밥그릇 못 챙기는 아이가 되지는 않을까', '커서도 사람 좋다는 소리는 듣지만 물러 터져 자꾸 밀리는 인생이 되지는 않을까.'

더군다나 직업현장에서 매일 전쟁을 치르는 아버지들은 그런 전쟁터에 적응하지 못하고 사라지는 후배나 동료들을 두 눈으로 보았다. 때로는 자기 자신이 그런 어려움을 겪기도 했다. 그래서 아버지들은 걱정을 하는 것이다. 인성과 성품 중심으로 인재상을 심어주어 정말 그런 사람으로 살아가게 될 때, 혹 세상 속에서 섞이지 못하거나 밀려나는 것은 아닌지 하고 말이다. 충분히 공감된다.

그런데 아버지들은 이미 짐작하고 있다. 자녀들이 살아가고 있는 시대에, 지금 어떤 변화가 일어나고 있는지 어느 정도 경험을 하고 있다. 물론 아버지 자신이 직업세계에 들어오던 때와는 다른 방식이기에 직접 경험하지는 않았을 수 있다. 단기간의 자격증과 인증시험을 통해 얻을 수 있는 결과는 이제 인재를 판별하고 선발하는 과정의 주요 요인이 아니라는 사실이다. 물론 완전히 사라지지는 않았지만, 비중은 현저히 줄어들었다.

준비된 인재를 빙산의 이미지로 떠올려보자. 빙산 위에 드러난 부분은 '보이는 스펙'이라 명명하고, 빙산 아래 수면에 잠겨 있는 잠재요소는 '보이지 않는 스펙'이라 명명한다. 지금 시대와 앞으로의 시대는 보이는 스펙보다 보이지 않는 스펙이 중요하다. 보이지 않는 스펙은 재능, 가치, 성품, 인성, 문제해결력, 의사소통능력 등이다.

그런데 이러한 항목들은 동시다발적으로 이루어지는 것이 아니라, 어린 시절부터 차곡차곡 형성되어 쌓아 올리는 것이다. 재능을 발견하고, 성품과 인성을 키우고, 의사소통능력을 정교하게 훈련하여 결국 수면 빙산으로 올라가는 것이다.

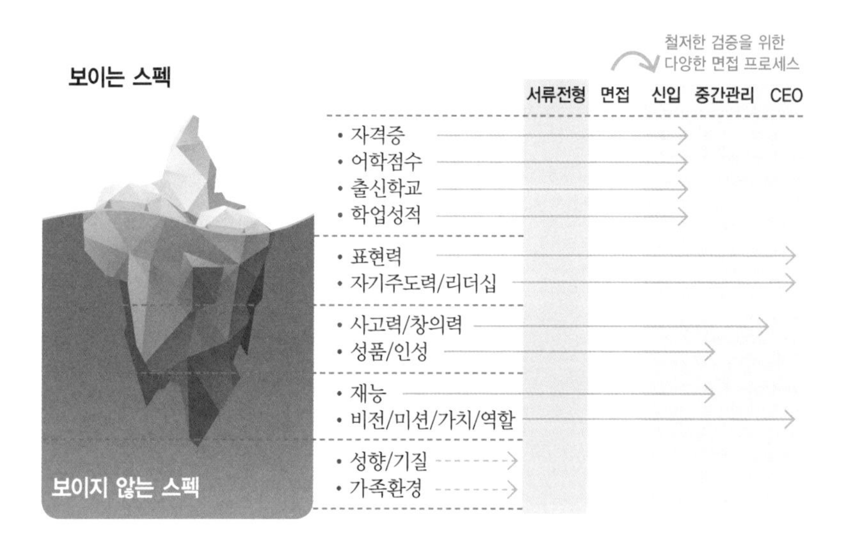

중요한 것은 이렇게 보이는 스펙과 보이지 않는 스펙을 준비한 사람이 과연 각각의 직장생활에서 어떻게 적응하고 성장해 가는지 비교해 봐야 한다는 것이다. 정량적으로 증명하기는 쉽지 않지만, 성적보다는 역량을 갖춘 인재가 조직 안에서도 인정을 받는다. 스펙 이전에 성품을 갖춘 인재가 결국 조직을 이끌게 된다.

더 솔직하게 한 걸음 들어가 보자. 인성 중심으로 인재상을 삼고 자녀를 키우면, 그 자녀가 차곡차곡 자신의 보이지 않는 스펙을 쌓아 올려 결국 시대의 인재로 성장하고 어떤 조직에서나 적응하고 빛나는 사람으로 살아갈 거라고 언급하였다. 중요한 것은, 그 과정에서 자그마치 12년 동안 초중고 학교생활을 하고, 대학 4년의 기간을 거쳐야 한다는 것이다. 그렇다면 자녀가 그 과정의 정말 중요한 관문들을 잘 통과할 수는 있을까. 일단 한 가지 자료를 소개하고자 한다. 특수목적 고등학교의 입학전형 자기소개서 첫 페이지 소개문장이다.

1. 본 자기개발계획서는 본교의 입학전형에서 매우 중요한 자료로 활용됩니다. 반드시 지원자 본인이 직접 작성해야 하며, 객관적 사실에 근거하여 정직하게 지원 동기 및 진로 계획, 학습 및 활동 경험, 자신의 역량 등을 상세하고 정확하게 기술해야 합니다.
2. 본문에는 학생 본인을 식별할 수 있는 내용, 수학 또는 과학 올림피아드 등 경시대회 입상 실적과 각종 인증시험 및 능력시험 점수, 영재학급·영재교육원 교육 및 수료 여부는 기재하지 마십시오.

눈에 들어오는 단어들이 있다. 직접 작성, 객관적 사실, 지원동기, 진로계획, 학습, 활동경험, 그리고 역량 등이다. 그런데 아래 2번 항목에 뜻밖의 표현이 들어 있다. 학생 본인을 식별할 수 있는 내용, 수학 또는 과학 올림피아드 등 경시대회 입상 실적과 각종 인증시험 및 능력시험 점수, 영재학급 영재교육원 교육 및 수료여부는 기재하지 말라는 표현이다. 보이는 스펙에 대해 다른 방식의 기준을 적용하는 것은 이제 기업인재선발뿐 아니라, 고등학교 입시에서도 적용되기 시작하였다.

"기재하지 마십시오."

해당 자기소개서의 세부 질문을 따라 학생이 자신의 준비된 내용을 기재하다 보면 3번 항목에서 특별한 질문을 만나게 된다. 비교과활동에서 자신의 경험을 기술하는 항목이다. 그런데 단순히 경험을 서술하는 것에서 그치는 것이 아니라, 그 경험이 자신에게 미치는 영향을 기술하는 것이다. 어떤 영향을 기술하는 것인지 궁금해할 거라고 여겼는지 괄호 안에 상세히 항목을 달아주었다. 나눔, 협력, 타인존중, 갈등관리, 독서 등의 내용과 관련하여 적으라고 명시하였다. 이것은 무엇을 뜻하는 것인가. 기본적인 내면요소 즉 인성과 성품의 영역을 증명하라는 것이다. 다시 말하면, 그런 항목을 갖추고 있는 학생이라야 입학을 허락하겠다는 것이다.

> 3. 재학 중 교과 이외의 활동에서 가장 인상 깊었던 경험 세 가지를 구체적으로 소개하고, 이러한 경험이 자신에게 어떤 영향을 끼쳤는지에 대하여 기술하시오.(나눔, 협력, 타인존중, 갈등관리, 독서 등의 내용과 관련하여) (띄어쓰기 포함하여 각각 500자 이내)

이는 대입 자소서 공식문항 3번에도 동일하게 적용된다. 대입자소서에는 인성 부분을 보다 직접적으로 물어본다. 학교생활 중 배려, 나눔, 협력, 갈등관리 등을 실천한 사례를 구체적으로 기술하고, 그 과정에서 느낀 점을 소개하라고 지시문이 구성되어 있다. 이쯤 되면, 나눔과 협력, 갈등관리 같은 고입과 대입에서 단어까지 일치하는 항목은 별도의 학원을 보내서라도 키워야 할 요소가 된 것이다.

3. 학교생활 중 배려, 나눔, 협력, 갈등 관리 등을 실천한 사례를 들고, 그 과정을 통해 배우고 느낀 점을 기술해 주시기 바랍니다.(1,000자 이내)

정말 많이 바뀌었다는 생각을 할 것이다. 그러나 옳은 방향으로 바뀌고 있다는 것에 희망을 품자. 그런데 한 가지 문제가 있다. 다른 '보이는 스펙'과는 달리, 이러한 내면적인 요소는 중3 때, 고3 때 단기 속성으로 심어줄 수가 없다는 것이다. 일단, 이러한 내용을 설명하기 시작한 처음 질문을 먼저 정리해보자. 인재상 중심의 내면 교육이 '먹고 살 수 있는' 교육이 맞다는 것이다. 또한, 대학을 가고 고등학교를 올라가는 과정에서 인재를 선발하는 중요한 기준이 맞다는 것이다.

이 부분이 정리되었다면, 살짝 따라오는 질문도 함께 소화해보자. '이러한 요소가 입시의 전체 요소는 아니지 않으냐?' 하는 질문이다. 이 질문에 답하기 위해서는 초등, 중등, 고등의 교육과정 전체를 넓게 보는 연습이 필요하다.

차곡차곡 채워진 인재를 찾는다

아이들은 초등학교 6년, 중학교 3년, 고등학교 3년 이렇게 12년을 학교에 다닌다. 그리고 대학에 입학하게 된다. 인재상교육뿐 아니라 진로와 진학교육에 관심이 있는 아버지라면, 이제 생애교육 전체를 보는 안목을 갖춰보자.

결과적으로 이 시대 입시구조는 크게 네 가지 요소를 통해 인재를 선발한다고 볼 수 있다. 세부적으로는 매우 다양하지만, 핵심을 찾아보면 ① 탐구능력, ② 진로성숙도, ③ 인성, ④ 주도력이다. 이러한 요소는 무엇을 통해 측정하고 판단할까? 아주 현실적인 교육시장의 언어로 설명해보고자 한다.

'R&E, 대회, 동아리활동, 진로활동, 독서활동, 봉사활동, 리더십, 자기주도학습….'

아주 직접적이고 현실적인 설명을 하자면, 생기부로 줄여 부르는 생활기록부, 좀 더 완성된 표현으로 하자면, 학교생활기록부이다. 이를 줄여 학생부라고도 부른다. 이는 학교생활 전반의 내용을 담아서 아래 학년에서 위 학년으로 연결되고, 축적하여 올려보내는 학생 개인의 '학교생활 프로파일'로 통한다. 이러한 학생부를 중심으로 대학 입학을 결정하는 전형방식이 '학생부종합전형'이다. 이를 줄여서 '학종'이라 간략하게 부르기도 한다.

학생부에는 성적도 기재되기 때문에 성적이 중요하게 반영되는 것을 '교과전형'이라 부른다. '학생부종합전형'은 시기적으로 11월에 치르는 수학능력시험 이전에 검증하는 것이기 때문에 수능시험과 수능점수가 아닌, 오직 학교생활 특히 비교과중심의 다양한 활동으로 학생을 평가한다. 수능 중심의 '정시전형'과 대비되는 용어로 '수시전형'이라고 부른다.

물론 이러한 수시 중심의 학생부종합전형에 대해서는 몇 가지 오해를 미리 제거하는 게 현명한 접근법이다. 공부를 안 해도 진로활동만 하면 수시 학생부전형에 합격할 수 있다는 것이 첫 번째 오해이다. 성실한 학교생활과 공부를 통해 기본 내신은 분명히 반영된다. 두 번째 오해는 수능을 망쳐도 수시에만 집중하면 된다는 논리이다. 이 역시 기본적인 '대학에서 공부가 가능한 것을 확인하는 대학수학능력시험'의 최소한의 능력치를 보여주어야 한다.

학생부를 중심으로 하는 비교과활동이 매우 중요하다는 것은, 구체적으로 자율활동, 동아리활동, 봉사활동, 진로활동 등이 매우 중요해진다는 의미이다. 그런데 아버지들은 눈치를 챘을 것이다. 이러한 항목으로 학생을 평가하는 것이 어렵다는 사실을. 2008년 이후 입학사정관제를 도입한 때부터 오랜 시간 시행착오를 거쳐 우리는 몇 가지 불변의 기준을 찾아냈다

"양적으로 활동을 많이 하는 것은 중요하지 않다."

"방향성이 없이 나열된 활동도 중요하지 않다."

"진로를 중심으로 의미 있는 과정의 활동이 중요하다."

"진로는 공부, 독서, 봉사 등 모든 영역에서 방향이 된다."

동아리활동, 진로활동, 독서활동, 봉사활동, 리더십, 자기주도학습 등의 요소를 통해 인재를 파악하는 것이 가장 기본적인 접근법이다. 여기에 최근에 R&E라는 '소논문 작성', '탐구보고서' 등의 '탐구하고 사고하는 인재'를 판별하는데 수월한 활동이 추가되는 분위기이다. 이러한 기본 요소에 따라 각 학교마다 세부 전형에 따라 약간씩의 선택과 집중을 하는 것이다.

나는 이것을 단순히 고등학교의 입시 준비로 잡지 않고, 초등부터의

12년 교육으로 구조를 배치해 보았다. 그렇게 구성하고 보니, R&E와 같은 소논문이나 탐구보고서를 탁월하게 쓰는 고등학생들은 단순히 고등학교 3학년 때 컨설팅을 받고 소논문을 쓰는 게 아니라, 초등학교 때부터 부모가 가정에서 자유로운 질문 환경을 만들어주고, 표현을 권장하는 가정문화를 만들며, 부모의 양육기준을 수립하며 독서 환경을 만들어주었다는 점을 발견하였다.

고등학교 시절에 봉사활동을 성실하고 의미 있게 하는 학생은, 어린 시절부터 부모와 함께 봉사하고 기부하는 경험과 마인드를 배우며 자란 것이다. 리더십과 자기주도학습도 마찬가지이다. 어린 시절부터 성장기 전체에 걸쳐 부모가 어떤 기준을 가지고 내면요소를 채워주거나, 환경을 만들어주어, 기본기를 채우는 것이 핵심이다. 이것이 중등, 고등 올라가면서 명확하게 입시요소로 채워지는 것이다.

이러한 모든 항목은 대부분 정성적인 평가를 기본으로 하므로 얼마나 많은 활동을 했는지가 중요한 것이 아니라, 이유와 목적, 과정 그리고 이를 통한 깨달음, 그 과정에서 상호관계 등이 중요한 요소이다. 그러다 보니 이런 내용을 확인하기에 최적의 자료는 '자기소개서'이다. 자기소개서 작성요령에는 '동기', '계획', '과정', '경험' 등의 용어가 유독 많이 등장한다.

진로 요소와 인성 요소는 인재를 판단하는 핵심요소로 자리를 잡았다. 둘 다 정성적인 평가를 전제로 하는 것이고, 매우 과정적인 요소이며 경험적인 요소이다. 그러다 보니 어린 시절부터 이런 내면 요소를 가꾸는 것이 무엇보다 중요해졌다.

따라서 내면 요소를 가정에서 심어주는 방법으로 '인재상교육'이 대안으로 제시되었다. 진로 요소와 인성 요소는 대학 졸업 후 사회로 나갈 때, '역량'이라는 단어로 통합된다. 그래서 최근에는 국가에서 '국가직무역량체계(NCS)'를 완성하여 이를 토대로 인재를 선발하는 구조를 국가 전반에 주도하고 있다.

대한민국의 초고속 성장기에 우리가 믿고 따르던 '성공방정식'은 이제 과거와 같은 신뢰를 주지 못하고 있다. '공부 = 성적 = 좋은 대학 = 좋은 직장 = 성공한 인생'이라는 방정식 그 자체에서 모순이 일어나기 시작했을 뿐 아니라, 성공방정식 자체를 폐기하고, '성장방정식' 또는 '행복방정식'이 더 중요해지는 시대가 되었다. 대부분의 현명한 아버지들은 이미 눈치를 챘을 것이다. 무엇을 키워야 다음 시대를 주도적으로 살아갈 수 있는지 깨달았을 것이다. 바로 '역량'이 핵심이라는 것을 말이다.

'공부를 시킬까, 역량을 키울까.' 기존의 성적 위주 공부는 마치 물컵에 물을 더 넣으려고 애쓰는 모습으로 비유할 수 있겠다. 남보다 더 많이 채우려고 애썼다. 그런데 컵에 구멍이 난 것도 모르고 물을 채우겠다고 계속 물을 쏟아붓는 방식이었다. 하지만 역량은 컵에 물을 더 붓는 노력이 아니라, 컵의 사이즈를 늘리는 접근법이다. '생각하는 힘, 소통하는 힘, 이끄는 힘, 배려하는 힘, 창조하는 힘' 등의 기본기를 키우는 것이다.

소질에서 재능으로, 재능에서 능력으로, 능력에서 역량을 갖추며 성장하는 것이 바람직하다. 소질은 타고난 바탕이다. 신체적, 정서적 특

물을 많이 부어서 여러 컵을 만드는
'물 많이 붓기' 교육

물을 담는 컵 자체의 사이즈를 키우는
'근본 그릇 키우기' 교육

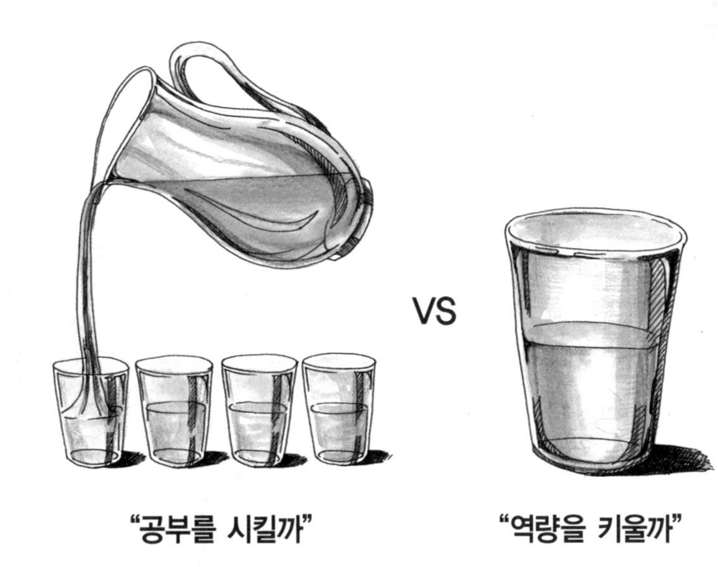

징이다. 세부적으로는 기질, 성격, 지능 등을 말한다. 자녀가 성장하면서 소질 중에 유독 두드러지는 면들이 생긴다. 성격, 지능, 흥미 중에 잘하는 것들이 생긴다는 것이다. 즉 강점이 확인된다. 이를 재능이라 이름 붙인다. 좀 더 성장하면서 다양한 환경에 노출되고, 활동하면서 구체적인 검증이 일어난다. 재능이라고 확인된 부분 중에도 구체적으로 더 잘하는 부분, 분야를 살펴야 한다. 소질에서 재능으로 추려진 항목이 이제 세부 능력으로 또 한 번 걸러지는 것이다.

예를 들어, 언어지능이 높은 아이가 있다. 이 아이의 재능은 언어 분야이다. 아이가 중학교 고등학교를 지나면서 특히 영어 능력에 두각을 나타낸다. 재능이 능력으로 구체화하는 것이다. 이러한 영어능력이 대학생을 지나 영어회화, 비즈니스영어 등의 실제적인 업무에서 성과를 낼 수 있는 것은 바로 역량의 단계이다.

이렇게 자녀의 성장기에는 소질, 재능, 능력을 지나 역량의 단계로 나아간다. 이 중에 재능과 능력을 합쳐서 적성이라고 표현하기도 한다.

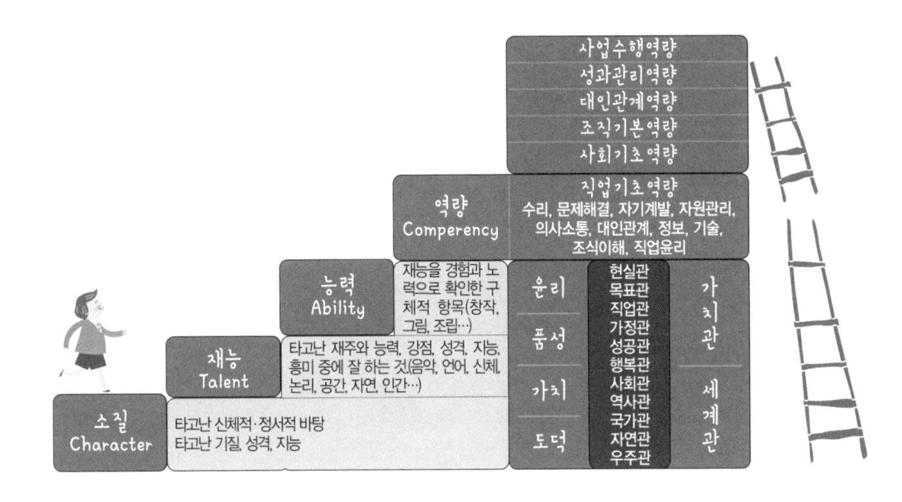

다시 말하면, 소질과 적성을 지나 역량으로 발전하는 것이다. 결국, 성장의 가장 위 단계에는 역량이 있다.

지름길은 없다. 바로 가는 길이 없다는 것이다. 차곡차곡 계단을 밟고 올라가야 한다. 물론 한 가지 예외는 있다. 아래에서 사다리로 올라가는 지름길은 끊어져 있지만, 위에서 낙하산을 타고 내려올 수는 있다. 이를 그림으로 표현하지 않은 것은 그런 일이 앞으로는 없어질 것이라 믿어보고 싶어서다. 우리 자녀들이 사회에 나가는 세상에는 그런 일이 없기를 바라는 것이다. 소질, 재능, 능력, 역량의 단계로 올라가는 것이 가장 건강한 인재의 성장단계이다. 계단을 자세히 들여다보면, 성품과 가치관, 세계관 등이 들어 있다. 이 부분은 실제적인 인재상의 인성항목을 정리할 때 논의해 보도록 하겠다.

인재상 교육은 역량을 키우는 것이다

역량을 중심으로 성인에서 거꾸로 청소년까지의 필요한 요소를 정리해보고자 한다.

20세 이상의 성인이 사회공동체에 속하려면 열 가지 공통적인 기초능력을 갖추고 있어야 한다. 국가직무능력 체계에서 규정한 직업기초능력으로는 의사소통능력, 수리능력, 문제해결능력, 자기계발능력, 자원관리능력, 대인관계능력, 정보능력, 기술능력, 조직이해능력, 직업윤리이다.

이들 목록을 살펴보면 대학생이 되었을 때 갑자기 키울 수 없는 항목들이 있다. 특히 소통, 관계, 윤리라는 단어가 들어가는 세 가지 항목은 어린 시기 신체의 성장과 더불어 쌓아야 하는 것들이다. 자녀가 청소년 시기라면 한번 주관적으로 체크해보라. 유독 약한 부분이 있다면 그 영역에 지금부터라도 관심을 기울여야 할 필요가 있다.

성인의 역량을 이렇게 규정하기 시작했다면, 성인이 되기 이전 단계인 청소년을 위한 역량체계는 없을까? 자유학기제의 학생평가를 위한 연구자료들을 분석하는 과정에서 청소년 역량 체계의 기초자료를 살펴보았다. 나름 복잡한 하위구조로 되어 있지만, 이를 쉽게 10개 항목으로 단순화시켜 보았다.

> ① 긍정적 자아역량, ② 자기주도학습, ③ 창의적 사고역량, ④ 비판적 성찰역량, ⑤ 대인관계역량, ⑥ 시민의식역량, ⑦ 협력적 공동체 의식, ⑧ 의사소통역량, ⑨ 정보활용역량, ⑩ 문제해결역량

단어 자체가 의미를 직접 설명해주는 표현이기 때문에 이해하는 데에 어려움은 없을 것이다. 자녀의 현재 역량을 주관적으로 체크해보고, 높은 요소와 낮은 요소를 확인해본다. 그리고 어떤 점이 보완되고, 개선되어야 하는지를 살펴보자.

특히, 청소년기를 지나 입시라는 관문을 지나갈 때 자기소개서를 통해 증명해야 할 역량항목이 존재한다. 이 항목을 역량이라고 하기보다

는 인성평가 항목 정도로 이해하여도 무방하다. 앞서 언급한 고등학교와 대학의 자기소개서 3번 항목에 기재하게 되어 있는 인성평가 항목들이다.

'배려, 나눔, 협력, 타인존중, 갈등관리, 관계지향성, 규칙준수'

그런데 자기소개서에는 이러한 항목을 증명하는 방식으로 한 가지를 분명하게 제시하고 있다. 경험과 활동의 예를 들어, 이러한 인성 항목을 설명하라는 것이다. 그래서 우리 아버지들이 알아야 할 바는 인성과 역량은 구체적인 '활동과 경험'을 통해 형성된다는 것이다.

이를 인재상 교육에 접목해 가정의 인재상을 정할 때는 이런 역량이나 인성 항목에서 찾을 수 있지만, 이를 실제로 자녀의 가슴에 심어주는 방법은 일상의 언어, 활동, 경험 등이 필요하다. 더 구체적으로 예를 들어보면, 인재상에 따라 일상의 구체적인 의사결정을 자녀에게 넘겨주고, 자녀는 실제 자신이 결정한 내용에 따라 실천해보고 이를 통해 성장해가는 자신의 모습을 느끼고 설명할 수 있어야 한다.

여기서 역량이라는 단어가 주는 어감에 대해 아버지들이 혹시 느낄 불편함이 있지는 않을까 조심스러운 생각이 들기도 한다. 지금 시대에 자녀교육의 영역에 역량이 들어왔다는 것을 알아채기 이전에 아버지들은 너무 오랫동안 기업에서 성과를 내기 위한 역량을 접해왔기 때문이다.

역량, 꼭 '경쟁력'을 인재상으로 삼아야 할까

자녀가 사회의 일원으로 살아갈 때 필요한 것이 '역량'이라고 생각한다면, 이것을 인재상으로 삼고 자녀양육의 기준으로 정하기에는 다소 불편한 구석이 있다. 물론 어떤 아버지는 '나는 내 자녀를 경쟁력 있는 아이로 키우고 싶다'라고 생각할 수 있다. 이러한 생각은 그 자체로 인재상이다. 이러한 판단이 시대적으로는 매우 의미가 있을 수 있다. 현재와 미래는 '생존' 그 자체가 중요한 삶의 요소이기 때문이다. 이전의 역사와 아버지들의 인생에서는 전혀 경험하지 못한 변화가 폭풍처럼 밀려오고 있으므로 자녀들이 스스로 경쟁력을 갖추고, 변화에 대응할 수 있도록 성장한다면 더할 나위 없다. 오직 그것 한 가지만 아버지가 심어주어도 위대한 역할을 한 것임이 틀림없다.

만약 이럴 경우에는 앞서 언급한 세 가지 카테고리를 마음에 두고 인재상을 정할 수 있다. 역량을 인재상의 핵심으로 여기는 아버지들의 선택을 위해 인재상 후보군을 정리해보았다.

직업기초능력의 항목

의사소통능력, 수리능력, 문제해결능력, 자기계발능력, 자원관리능력, 대인관계능력, 정보능력, 기술능력, 조직이해능력, 직업윤리

청소년 필요 역량

긍정적 자아역량, 자기주도학습, 창의적 사고역량, 비판적 성찰역량, 대인관계역량, 시민의식역량, 협력적 공동체 의식, 의사소통역량, 정보활용역

량, 문제해결역량

청소년 인성평가 항목

배려, 나눔, 협력, 타인존중, 갈등관리, 관계지향성, 규칙준수

그런데 이 목록을 찬찬히 살펴보니 무엇인가 딱딱한 느낌이 든다. 역량이라는 단어 자체가 주는 '어감'이 있다. 긍정과 부정을 떠나서 '내가 이 아이를 위해 키워줄 수 있는 유일한 가치가 과연 이런 느낌일까?'라는 생각이 들 수 있다. 다시 말해, 성장하다 보면 학교나 학원, 다양한 또래활동 및 경험들을 하면서 자연스럽게 성장하거나, 혹은 교육목표에 의해 훈련되는 항목들이 아닐까 하는 생각이다.

'아버지라면 뭔가 다른 더 근본적이고 중요하며, 가슴에서 가슴으로 아버지에게서 아이에게 흘러가는 그 무엇인가를 남겨야 하지 않을까.' 만약 이런 생각이 든다면 일단 성공이다. 기본기가 잡혀 있어서 성공이기도 하고, 한편으로는 지금까지의 글을 읽으면서 일정 부분 학습효과가 있어서 성공이다. 우선 기억할 것이 있다.

위에 언급한 역량목록과 인성평가 기준 등은 자녀의 성장기에 어딘가에 믿고 보내거나 맡기기만 하면 자연스럽게 심어지는 것이 아니다. 다시 기억을 환기하자면, 위의 항목은 이전 단계에서 다음 단계로 건너갈 때 인재를 선발하는 평가기준이다. 평가기준이라는 것은 그것을 갖추고 있는 사람을 판별하는 것이다. 또 한 가지 언급하고 싶은 것은 위의 목록이 다소 딱딱해 보인다면, 이는 단어가 주는 착시현상일 수 있다. 만약 내가 위의 항목을 다음과 같은 느낌의 단어로 대체하면 어떨까. 내용은 그대로 살리면서 용어를 바꾸어보았다.

사회 기초소양

소통, 명석함, 리더십, 성장, 시간, 관계, 통찰력, 전문성, 적응력, 성품

청소년 기초소양

자존감, 주도력, 창의성, 성찰, 관계, 시민성, 협력, 소통, 통찰, 리더십

청소년 기초인성

배려, 나눔, 협력, 존중, 중재, 관계, 질서

좀 더 부드러운 어감을 느낄 수 있다. 그리고 만약 한 걸음 더 들어가서 이를 자녀 인재상으로 사용하고 싶다면, 표현을 다듬어서 사용할 필요가 있다. 인재상을 만들기 위해 "여보 우리 아이를 어떤 사람으로 키울까요?"라고 했을 때, 위의 나열한 단어들을 사용해 답변한다면 아마 이런 표현이 나오지 않을까?

늘 소통하는 사람, 세상에 답을 주는 사람, 스스로 성장하는 사람, 시간을 소중하게 여기는 사람, 사람과 사람을 이어주는 사람, 지식과 지혜를 갖춘 사람, 자신의 분야에서 최고의 전문가, 공동체를 이끄는 사람, 원칙과 소신이 있는 사람

자신을 진정 사랑하는 사람, 스스로 공부하는 사람, 창조적인 사람, 깊은 성찰의 사람, 따뜻하게 섬기는 사람, 함께 사는 세상을 만드는 사람, 타인과 동행하는 사람, 경청하고 배려하는 사람, 통찰력을 갖춘 사람, 변화를 만들어내는 사람

타인을 배려하는 사람, 자신의 것을 나누는 사람, 주변과 협력하는 사람, 타인을 존중하는 사람, 평화를 만드는 사람, 사람과 사람을 연결하는 사람, 질서를 소중히 여기는 사람

이러한 표현들을 서로 조합하여 인재상을 만들 수 있다. 단어와 정의를 연결하여 표현하면 된다. 예를 들어, 어느 집의 액자에 들어있는 글귀를 머릿속에 떠올려보자. 위에 큰 글씨가 있고, 아래 작은 글씨로 예쁘게 배치된 구도를 떠올려보자. 비슷한 느낌을 주는 다른 몇 가지를 소개한다. 몇 번 연습해보면, 더 창조적인 조합이 나올 수 있다.

이제 좀 그럴싸해 보인다. 이렇게 펼쳐 놓고 보니 정말 아름답고 따뜻한 말들이다. 그런데 정말 아름다운 것은 주변에 이러한 특징을 이

미 보여주는 친구들이 있다는 것이다. '개념 있는 아이'가 눈에 들어온다. 언어와 행동에서 묻어난다. 눈빛이 다르다. 온몸으로 태도가 읽힌다. 그런 친구들을 오래 관찰해보면, 두 가지 사실을 알 수 있다.

첫째, 그런 아이에게서는 그의 부모가 보인다. 둘째, 한 가지를 갖춘 사람은 다른 것들도 갖추고 있다는 것이다. 아이는 부모의 크기만큼 자란다. 아버지를 중심으로 인재상을 정해 양육하고 그것을 제대로 지키고 일관되게 간다면, 분명 그 아이는 그런 사람으로 자란다. 더 고무적인 것은 인성이라는 게, 그리고 가치라는 게 워낙 인간을 변화시키는 내적 요소이기 때문에 서로 무관하지 않게 그물처럼 연결되는 특징을 가진다는 것이다. 그래서 하나를 갖추면, 나머지도 고구마 줄기처럼 연결되는 효과가 있다.

여기까지 오니, 우리 아버지들의 마음속에 아련하게 떠오르는 것이 있을 것이다. 이러한 가정교육은 처음 결혼을 꿈꾸고, 가정을 꿈꾸고, 자녀를 꿈꿀 때 각자 마음속에 이미 품었던 멋진 그림이었다는 것이

다. 맞다. 아버지들은 분명 그림이 있었다. 멋진 아버지가 되고 싶은 로망이 있었고, 어떤 자녀를 키우겠다는 그림이 있었다. 우리는 지금 이전에 없던 새로운 것을 창조하는 것이 아니다. 이미 우리 마음속에 품었던 것을 불러일으켜 다시 시작하거나, 제대로 하려는 것일 뿐이다.

우리는 이제 욕심이 생긴다. 이 좋은 것을 다 자녀에게 심어주고 싶다. 그런데 그건 정말 욕심이다. 일단 추려보자. 아버지가 자신의 인생을 통해 오직 한 가지 자녀에게 심어줄 것이 무엇인지 한번 떠올려보는 것이다. 가장 소중한 것을 찾아보는 것이다. 우선순위를 찾자는 것이다.

가치의 우선순위를 세워보자

〈존 큐John Q〉라는 영화에는 아버지와 아들이 아주 슬픈 상황에 부닥치는 장면이 나온다.

야구 경기 도중 아들이 갑자기 쓰러져 당장 심장을 이식하지 않으면 안 되는 상황인데, 아들에게 이식할 수 있는 유일한 심장은 아버지의 심장이다. 그래서 아버지는 자신의 심장을 아들에게 이식해주기로 결심한다. 아들을 위해 자신의 생명을 기꺼이 내어주게 된다. 아버지는 아들과의 마지막 대화에서 '유언'처럼 몇 가지를 당부한다. 물론 아들은 아버지가 자신을 위해 희생하는 것을 모른다. 이때 죽음을 앞두고 아버지가 아들에게 당부하는 내용은 아버지의 '가치', 즉 아들에게 이야기하고 싶은 가장 소중한 목록들이다. 다섯 가지 가치는 다음과 같다.

첫 번째 가치

부모(가족) "마이크, 엄마 말을 잘 들으렴. 사랑한다고 매일 말씀드려."

두 번째 가치

배우자(결혼) "언젠가 여자를 사귀면, 정말 공주처럼 잘 대해주렴."

세 번째 가치

약속(책임) "뭔가 하겠다고 말했다면 꼭 지켜서 책임을 지렴."

네 번째 가치

부유함(돈) "기회가 된다면 돈을 벌어야 한다."

다섯 번째 가치

건강(생명) "담배는 피우지 않아야 한다."

자신에게 가장 소중한 것이 무엇인지 생각해보자. 당연히 가족, 건강, 자녀 등 여러 소중한 것들이 떠오를 것이다. 그런데 이런 상상을 해보면 어떨까. 자녀들에게 화이트보드를 쥐여주고, '우리 아버지에게 가장 소중한 것은 ○○○이다'를 채워보게 하는 것이다. 이미 아버지들은 오랜 시간 삶으로 무엇인가를 말해왔다. 그런데 이런 상상을 해보니, 갑자기 두려움이 밀려오고, 아찔해지지 않은가. 우리 아버지들에게 가장 소중한 것으로 '회사, 스마트폰, 뉴스' 이런 게 나오지 말란 법이 없다. 아이들은 보이는 그대로, 느끼는 그대로 말한다. 더 겁나는 표현들도 나올 수 있다. 조금 성장한 아이들에게 물어보면, 무섭게 일침을 가할 수도 있기 때문이다. "우리 아버지에게 가장 소중한 거요? 일,

돈, 자가용, 자기 자신이요."

이제부터라도 정신 바짝 차리고, 자신을 증명해야 한다. 그런 의미에서 가정 인재상의 수립은 아버지가 자신을 증명하는 방식이며, 자녀를 양육하기 이전에 아버지 자신의 가치를 정립하는 과정이다.

가치라는 것이 사람의 마음속에 있는 선택의 기준이라고 생각하게 되면, 그때부터 사람을 이해하는 눈이 달라진다. 그 전에는 나와 다른 선택을 하는 그 자체에 화가 나고 갈등이 일어났지만, 이제부터는 '중요하게 생각하는 것이 나와 다르구나' 정도로 유연하게 여겨진다.

가치는 물질적 가치와 정신적 가치의 분류로 나눌 수 있다. 물질적 가치는 살아가는 데 필요한 여러 가지 물질과 그 물질들을 통해 느끼는 만족감을 말한다. 편리함이나 즐거움, 또는 쾌락 등이 여기에 속한다. 정신적 가치는 크게 다음의 네 가지로 구분된다.

지적 가치

참된 것, 진리와 관련된 가치

도덕적 가치

착한 것, 옳은 것, 정당한 것

미적 가치

아름다움, 고귀함, 사랑스러움

종교적 가치

경건하고 성스러움의 추구

소크라테스는 참된 것 또는 진리에 대한 가치 우선순위가 경건함이

나 성스러움 등의 종교적 가치보다 높았다. 그래서 자신의 생명보다는 '지적으로 옳은 것'을 선택하여 죽음에 이르게 된다. 한편, 본회퍼(Dietrich Bonhoeffer) 같은 성직자는 '경건함', '성스러움' 같은 종교적 가치보다 '옳음', '정당함' 같은 것을 우선시하는 도덕적 가치를 더 중요하게 여겼다. 오해가 있을 것 같아 부연하자면, 목사인 그에게 종교적 가치보다 더 우선되는 것은 엄밀히 말해 없을 것이다. 다만 가치를 목적 가치와 수단 가치로 구분했을 때 신앙이라는 목적 가치를 이루어가는 수단으로서 '옳음', '정의'를 선택하였다고 볼 수 있다. 그래서 그는 독재자 히틀러 암살계획을 주도하였다.

이것이 바로 가치 우선순위가 중요한 선택에 영향을 미친 결과이다. 가치는 우선순위를 가지고, 이는 결국 선택의 상황에서 포기할 수 있는 용기를 만들어낸다. 아버지가 자신의 가치를 증명한다는 것은 사소한 일상에서부터 다양한 선택과 포기를 보여주는 것이다. 그 가치를 지키기 위해서 말이다. 어차피 위대한 선택과 포기는 그냥 나오는 것이 아니라, 작은 연습들이 쌓인 결과들이다. 그런데 우리는 알고 있다. 진짜 어려운 것은 원대한 결단보다도 일상에서의 사소한 결단이라는 것을. 사소한 결단이든 위대한 결단이든 무엇인가 선택을 한다는 것은 '포기'의 가능성을 포함한다.

가치의 우선순위에 따라 사는 사람은 '의도적으로' 선택을 한다. 선택을 하면 다른 한편에서는 선택을 받지 못하는 것이 있게 마련이다. 그것을 우리는 '아름다운 포기' 또는 '정중하게 거절하기'라고 부른다. 능력이 부족하거나 게으르거나 두려워서 '포기'하는 것이 아니라, 더 우선되는 것을 위해 '내려놓는 것', '절제하는 것'이다. 정말 강한 사람은 어떤 사람인가. 자기에게 있는 힘을 마음껏 발휘하는 사람이 강한 사람인가. 그렇지 않다. 그럴 만한 힘이 충분히 있음에도 드러내지 않고 절제하는 사람이 진정한 힘의 소유자이다. 남용하는 것보다 절제하는 것이 훨씬 더 어렵기 때문이다.

영화 〈쉰들러 리스트〉에 등장하는 독일군 장교는 아침에 일어나서, 일을 하는 유대인 포로들을 향해 총을 난사한다. 이것은 장교가 자신의 힘과 권력을 과시하는 하나의 방법이었다. 이를 본 주인공 쉰들러는 어느 날 장교에게 한마디 의미 있는 말을 한다. 약간 쉽게 바꾸어 표현해본다.

"진정으로 강한 힘은 자기에게 있는 힘을 드러내고 과시하는 것이 아닙니다. 그 힘으로는 단 한 사람의 마음도 움직일 수 없습니다. 억지로 끌고 갈 수는 있으나, 마음의 존경을 얻어 스스로 움직이게 할 수는 없습니다. 진정한 힘은 절제하는 것입니다. 용서하는 것입니다."

'가치'는 '포기'할 수 있는 힘을 준다. 가치는 선택을 움직이고, 선택은 포기를 낳는다는 사실을 알았다면, 이를 보여주는 다른 영화 한 편을 보자.

영화 〈Most〉는 아버지의 사랑을 그린 영화이다. 아버지의 애절한 사랑이 주제인데, 영화 속에서 아버지는 아들을 포기하게 된다. 주인공이 사는 지역은 강 위에 철길을 놓아 기차가 지나다닌다. 그런데 그 사이로 배가 지나갈 때는 다리를 올려줘야 한다. 다시 기차가 지나갈 때는 다리를 내리는 방식이다.

어느 날 아버지는 아들과 함께 근무지에 왔다. 아들은 낚시를 하고 아버지는 근무지에 올라가 배가 지나가자 다리를 올렸다. 한 번 다리를 올린 뒤, 기차가 오기까지는 꽤 긴 시간이 필요하기에 아버지는 마음 놓고 기계실로 내려가 다른 업무를 보고 있었다. 바로 그때 문제가 발생했다. 예정시간보다 훨씬 이른 시간에 기차가 연기를 내뿜으며 들어오고 있었다. 이를 발견한 아들은 다급하게 아버지를 찾지만, 아버지는 기계실로 내려가 듣지를 못했다. 만약 당장 다리를 내리지 않는다면, 기차는 그대로 탈선하게 될 것이다. 어쩔 수 없이 아들은 다리 입구로 가서 수동형 개폐기를 조절하기로 결심한다.

여기서 결정적인 문제가 발생했다. 몸을 숙여 손잡이를 잡으려던 아이가 아래로 떨어진 것이다. 아이가 떨어진 곳은 다리가 올려진 상태에서 공간이 있는 곳이었다. 다시 말하면 개폐형 다리를 내릴 경우, 아이는 그 사이에 껴서 죽을 수 있는 상황이었다. 뒤늦게 자리로 돌아온 아버지는 상황을 파악했다. 기차는 들어오고 있고 아들은 떨어져 있다.

'아들을 구하려면 기차의 탈선을 선택해야 하고, 기차의 탈선을 막으려면 아들의 생명을 포기해야 한다.' 그 짧은 몇 초의 시간 안에 아버지는 울부짖으며 고통스러워 하다가 결국 '선택'한다. 다리를 조절하는 손잡이를 내린 것이다.

영화를 본 사람들은 아버지의 선택에 동의하는 사람과 그렇지 않은 사람으로 나뉜다. 그리고 만약 자신이 그 영화 속 주인공 아버지였다면 어떻게 했을까를 심각하게 고민해보게 된다.

영화 속 다음 장면은 아버지의 선택 이후, 평화롭게 기차가 지나간다. 무슨 일이 밖에서 일어났는지 모른 채 그저 달린다. 아버지는 죽은 아들을 끌어안고 지나가는 기차를 향해 온몸으로 우는 장면이 나온다. 기차 안 승객들은 아무것도 모른 채 그저 자신들의 목적지로 향해 갈 뿐이다.

너무 슬프고 답답하기에 이 영화는 보는 이에 따라서는 불쾌함과 불편함을 주기도 한다. 이 영화를 '자녀 한 사람의 생명', '타인 여러 사람의 생명'과 단순 비교하여 여러 사람의 생명이 한 사람의 목숨보다 중요하다고 말할 수는 없으리라. 다만, 어떤 선택의 갈등, 결국 선택을 내려야 하는 상황을 강조해보고 싶을 뿐이다.

아버지는 널 위해 선택하였다

그 유명한 '딕 앤 릭' 부자(父子)의 이야기도 살펴보자.

딕의 아들 릭은 태어날 때 탯줄이 목에 감기는 바람에 뇌에 산소공급이 중단되면서 뇌성마비와 경련성 전신마비를 가지고 태어났다. 혼자서는 걷지도 못하고 말하지도 못했다. 유일하게 할 수 있었던 것은 컴퓨터를 통한 간단한 의사소통이었다. 그가 컴퓨터를 통해 했던 첫 단어가 있었다.

"Run"

아버지 딕은 직장을 그만두고 아들과 함께 달리기를 시작했다. 그를 업고, 휠체어에 태우고, 또는 안고 달렸다. 릭이 15세가 되던 해. 딕은 아들과 함께 8km 자선 마라톤에 참여한다. 그것을 시작으로 이후 보스턴 마라톤 42.195km에서 부자는 4분의 1도 못 가서 포기한다. 그리고 다시 도전한 끝에 결국 완주를 하게 된다.

"아버지, 제 몸에 장애가 사라진 것 같아요. 이제 철인 3종 경기에 도전하고 싶어요."

아버지 딕은 평범한 회사원으로 어떤 운동도 즐기지 않는 사람이었다. 하지만 아들을 위해 뛰기 시작했고 아들을 위해 누구나 함부로 할 수 없는 철인 3종 경기를 준비하였다. 못 하는 수영을 배우고 못 타던 자전거를 배웠다.

"아버지가 없었다면 할 수 없었어요!"

"네가 없었다면 아버지는 하지 않았다."

아들 릭은 이렇게 고백한다.

"나는 언제나 상상만 할 수 있었습니다. 하지만 아버지를 통해서 상상을 실현할 수 있었고, CAN이라는 단어를 얻을 수 있었습니다."

그 후 릭은 컴퓨터 관련학과 박사학위를 따내며 누구보다 훌륭한 아들이 되었다.

아버지 딕은 아들 릭을 위해 자신의 인생을 선택하였다. 그리고 온 삶을 다해 아들에게 자신의 가장 소중한 것이 무엇인지를 보여주었다. 아들은 아버지의 선택을 보았다. 딕은 직장을 포기했지만, 아들을 얻었고 아들에게 살아갈 '희망'을 만들어주었다. 아들은 아버지에게 받은 것을 세상에 돌려주기 위해 노력하고 있다. 그리고 이들의 '선택'은 이제 많은 아버지에게 또 다른 '희망'을 주고 '선택'을 돕고 있다.

가장 소중한 것을 알고 있을 때, 그것은 아버지의 언어, 아버지의 행동, 아버지의 선택, 중요한 의사결정을 통해 드러난다. 그리고 그것을 상징적인 '인재상'으로 규정하고 강조한다면 각인효과는 배가될 것이다. 자녀들은 결국 그런 아버지의 가치에 영향을 받는다. 여기에서 영향은 우선 아버지 자신의 변화가 선행될 것이고, 그런 과정이 고스란히 자녀의 마음에 각인되어 자녀의 변화를 만들어낼 것이다. 전문가들은 이것을 '아버지효과'라고 한다.

인재상은 아버지효과를 만들어낸다

로스 파크(Ross Parker)라는 학자는 아이의 성장발달에 있어서 아버지의 고유한 영향력을 '아버지효과(Father Effect)'라는 단어로 개념화하였다. 그는 아버지 역할에 대한 20여 년의 연구결과를 토대로 아버지의 역할이 출산 전부터 시작된다고 언급하였다. 친절하고 칭찬을 잘하는 아버지를 둔 4세 남자아이들은 그렇지 않은 아이들보다 지능이나 어휘력 평가에서 높은 점수를 받는다고 한다. 특히 아버지가 사용하는 언어는 엄마가 사용하는 언어와는 달리 성인의 언어에 가깝다. 찰리 루이스 교수는 이러한 아버지의 낯선 언어사용이 오히려 아이의 언어발달에 도움을 준다는 사실에 주목하였다. 수많은 연구를 통해 2~3세 아이의 언어발달에 엄마보다 아버지가 더 큰 영향을 미친다는 사실이 밝혀졌다. 아버지의 어휘량이 풍부할수록 아이의 언어 성적이 높다는 연구결과도 있다. 찰리 루이스 교수는 아버지가 엄마의 역할을 대신하려고 하기보다는 고유한 아버지의 역할에 집중할 것을 다음과 같이 당부하였다.

> "아이와 아버지의 요란한 신체놀이는 아이가 아버지를 힘으로 이길 수 없다는 것을 느끼게 한다. 한계를 배우는 것이다. 이런 종류의 놀이는 아이가 어떤 경계를 인지하게 만들고 때로 그 밖으로 나가 탐험할 수도 있게 한다. 아버지는 아이가 안전한 범위 내에서 그 한계를 조금씩 밖으로 확장하도록 유도하곤 하는데, 이건 엄마들이 잘 못 하는 영역이다."
>
> **-『파더쇼크』**

아버지효과는 아이가 본격적인 학교생활을 시작하고 청소년기에 이를 때까지 영향을 미친다. 영국 옥스퍼드 대학 연구진은 1만 7천 명의 아이들을 관찰하였다. 태어나서 33세가 될 때까지 종단연구, 추적연구를 했다. 아이가 발달하고 성장하는 데에 어떤 요인이 중요한지 알아보는 실험에서 아버지효과가 증명되었다고 한다. 행복하고 안정적인 삶을 누리고 있는 사람들의 공통점 중 하나가 바로 '아버지와의 좋은 관계' 경험이었다. 어린 시절 아버지와의 신뢰 관계가 인생에 영향을 미친다는 것이다. 구체적으로는 아버지와의 좋은 관계 경험이 있는 아이들은 또래 아이들보다 지능지수, 인지능력, 수리능력이 높았다.

미국의 로버트 블랜차드는 초등학교 3학년 아이들을 세 그룹으로 나누어 아버지와의 관계와 학업성취도와의 상관관계를 연구하였다. 첫 그룹은 아버지가 아이에게 완전히 무관심한 그룹. 두 번째 그룹은 아버지가 아이에게 관심이 많은 그룹. 세 번째 그룹은 아버지가 집에는 있지만 아이에게 별달리 신경을 쓰지 않는 그룹이다. 가장 성적이 좋은 학생들은 두 번째 그룹이었다. 가장 성적이 낮은 아들은 아버지가 자녀에게 무관심한 그룹이었다.

아버지효과는 영유아의 애착, 아이의 어휘력, 그리고 청소년시기의 학업성취도에 영향을 미치는 것으로 끝나지 않는다. 미국 텍사스주립대의 주디스 랑글로(Judith Langlois)와 크리스 다운스(Chris Downs)는 아버지를 '사회화의 매개자'라고 표현하였다. 아버지와의 관계가 사회적 능력의 기초가 된다는 것이다. 아버지와의 관계 속에서 다져진 아이의 사회성은 성인이 된 이후에도 평생에 영향을 끼친다. 『파더쇼크』에서는 아버지의 영향력이 자녀의 일생과 그 이후까지도 영향을 미친다는 점을 강조하기 위해 사례를 들고 있다.

> "예컨대 미국의 사회학자 리처드 덕데일(Richard Dugdale)은 1806~1874년까지 뉴욕주의 여러 교도소를 방문한 결과, 수형자들의 가족관계에 모종의 특성이 있음을 발견했다. 그는 우성가계와 열성가계 사례를 뽑아 5대를 연구했고, 그 결과를 〈주크스 가 : 범죄, 빈민, 병 그리고 유전적 전통〉이라는 논문으로 발표했다.
> 논문 내용은 충격적이다. 덕데일은 성(姓)이 다른 42명의 수형자들이 '맥스'라는 사람의 후손임을 발견했다. 1720년에 태어난 맥스 주크스는 교육을 받지 못한 실업자에 알코올중독자였다. 그의 후손 중 130명은 범죄를 저질렀다. 7명은 살인을 했고, 60명은 절도행각을 벌였다. 나머지 자손 중

에도 310명은 극도로 궁핍해 그들이 빈민원에서 보낸 세월은 2,300년이 나 된다. 매매춘에 종사한 여자도 50명이다. 결과적으로 그의 후손이 뉴욕주에 끼친 손실은 150년 동안 125만 달러에 달했다.

덕데일은 다른 가문도 연구하였다. 1703년생인 조너선 에드워드는 예일대학을 졸업해 목사가 되었다. 그의 자손 중에는 미국 부통령도 있고, 상원의원과 주지사, 시장도 각각 3명이 있다. 그 밖에 대학총장은 13명, 법관은 30명, 목사나 교수 등은 300명에 이른다. 이 논문이 시사하는 바는 으스스하다. 지나친 일반화의 오류라고 생각할지도 모르지만, 이와 유사한 연구결과는 의외로 많다."

–『파더쇼크』

이렇게 중요한 아버지의 효과, 아버지의 영향은 어느 시기부터 아이에게 흘러갈까. 이는 태내에서부터 시작된다는 견해가 대표적이다. 또한, 초기 영유아 시기(3세)부터라는 견해도 있다. 〈초보 아버지를 위한 육아가이드〉에는 아버지의 '태담'에 대해 언급되어 있다. 태담이란, 태아와 대화를 주고받으며 엄마 아버지의 사랑을 전하는 태교법이다. 임신 5개월만 되어도 태아는 청각과 함께 오감이 발달해서 엄마 아버지의 감정과 목소리, 외부의 소리를 감지할 수 있다.

대화를 통해 태아와 자주 접촉하면 태아의 좌뇌와 우뇌를 고르게 발달시켜 지적 능력뿐 아니라 정서발달에도 도움이 된다. 특히 뱃속에서 양수를 통해 소리를 전해 듣는 태아는 주파수가 낮은 남자의 목소리를 더 잘 듣기 때문에 엄마보다 아버지의 태담 태교가 더 효과적이다. 뱃속 아이는 엄마의 목소리보다 굵고 편안한 아버지의 목소리를 잘 듣고 더 좋아한다. 이렇게 시작된 아버지의 긍정적 역할은 영유아 애착의 시기에는 더욱 중요해진다.

"아이들의 출생 시점부터 영유아기를 거치는 동안 아버지는 아이들과 애착 형성에 결정적인 역할을 합니다. (중략) 부모의 양육 행동을 통해 공통적인 결과를 찾아냈습니다. 첫째, 엄마들은 주로 아이들을 보살피고 감싸주는 행동이 빈번한 반면, 아버지들은 아이들과 신체적으로 밀접한 활동을 많이 하며 상호 신뢰를 찾아간다는 점입니다. 밀착된 관계를 유지하며 정서적 지원이 주를 이루는 엄마들의 양육 패턴과, 자녀들과 일정한 거리를 유지하며 아이의 자율성을 독려하는 아버지들의 양육패턴이 아이들의 정서적 안정감과 행동반경을 넓혀주는 것이지요. 다시 말해, 아버지는 아이들의 울타리가 되어주고 경계를 설정해줌으로써 아이들에게 그 안에서 안전하게 보호받으며 뛰어놀 수 있다는 자신감을 심어주는 것입니다."

– 『아이의 미래, 아빠하기에 달렸다』

〈KBS 파노라마〉 '세 살의 행복한 기억'에서는 애착기의 중요성에 대해 소름 돋는 사진 한 장이 소개된다. 3세까지의 부모와 건강한 애착관계를 유지한 아이와 방치된 아이의 뇌 크기를 극단적으로 비교한 것이다. 이와 더불어 한 장의 비교사진이 더 공개되었다. 뇌의 신경다발 사진인데 3세 유아와 20세 성인을 대비하였다. 방송은 3세까지 자라는 뇌가 성인 뇌의 80%에 이른다는 점을 설명하고 있다. 바로 이러한 시기에 애착의 중요성, 그리고 태교로부터 시작된 아버지와의 신뢰관계 형성이 중요하다는 점을 말하고 있다.

이를 증명이라도 하듯, 〈EBS 파더쇼크〉 제작팀은 평상시 아버지와의 애착 정도를 바탕으로 네 명의 어린아이를 관찰하였다. 미국 에인즈 워스(M. Ainsworth)라는 학자가 고안한 '낯선 상황 실험'이다. 장난감이 있는 낯선 실험공간에 아버지와 유아가 들어온다. 잠시 후 아버지가 방을 떠나고 낯선 사람과 유아 둘만 남았다가 아버지가 다시 돌아왔을 때 아이의 반응을 살피는 것이다. 일상의 애착형성이 잘 된 두 명의 유아는 아버지가 사라지자 사라진 쪽을 바라보면서 운다. 낯선 사람이 달래줘도 울음을 그치지 않는다. 그러다 아버지가 돌아와서 달래주니 울음을 바로 그치고, 다시 장난감을 가지고 논다. 하지만 평상시 애착형성이 되어 있지 않은 두 명의 유아는 아버지가 있을 때도 운다. 아버지가 사라졌다가 다시 돌아와 달래도 울음을 그치지 않는다. 결국, 엄마가 실험실로 들어와 아이를 달랠 때 겨우 울음을 멈추었다. 정말 아버지의 역할은 중요하고, 빨리 시작할수록 유리하며, 결국 아이의 인생에 큰 영향을 미치고 있다는 것을 알 수 있다. 자녀가 아주 어린 시절부터 자녀가 청소년기가 되어도 아버지의 영향은 자녀의 인격형성에 영향을 미친다.

이러한 아버지효과는 자녀가 10대가 되어, 자의식이 성장하면 더욱 중요해진다. 바로 사회라는 울타리 속에서 자신이 어떤 모습으로 살아가야 하는지를 깨닫는 시기이기 때문이다. 무엇보다 아버지의 언어, 특히 아버지의 삶은 매우 중요한 자양분, 자극제가 된다. 아버지를 바라보기만 하여도 아버지의 영향을 받는 것은 '테레사효과'로 설명할 수도 있다.

테레사효과가 아버지효과를 만들다

'테레사효과(Mother Theresa Effect)'라는 것이 있다. 남을 돕는 활동을 통하여 일어나는 정신적, 신체적, 사회적 변화를 말한다. 1998년 미국 하버드대학교 의과대학에서 시행한 연구로서 테레사 수녀(1910~1997)처럼 남을 위한 봉사활동을 하거나 선한 일을 보기만 해도 인체의 면역기능이 크게 향상되는 것을 말한다. 일명, '슈바이처 효과(아프리카 콩고에서 평생 의료봉사)'라고도 한다. 구체적인 연구의 내용을 소개하면 다음과 같다.

사람의 침에는 면역항체 'Ig A'[면역글로불린항체]가 들어 있는데, 근심이나 긴장 상태가 지속하면 침이 말라 이 항체가 줄어든다. 면역항체라는 것은 우리 몸으로 들어오는, 외부 환경에 대해 우리 몸이 스스로를 보호하는 시스템이다. 연구를 주관한 맥클랜드 박사는 하버드대학생 132명의 'Ig A' 수치를 조사하여 기록한 뒤에, 학생들에게 인도의 캘커타에서 환자들을 돌보고 있는 테레사 수녀의 다큐멘터리 영화를 보여주었다.

그리고 그 영화를 보기 전과 영화를 보고 난 후, 학생들의 타액 속에 있는 'Ig A' 면역글로불린항체A(Immunoglobulin A)의 수치가 어떻게 변화했는지를 비교분석했다. 그랬더니 놀랍게도 학생들 대부분에게서 면역글로불린항체A가 50% 정도 증가했다. 이에 대해 맥클랜드 박사는 '선한 가치와 행동으로 유발된 감동은 그것을 느끼는 사람들에게 자기가 직접 선한 행동을 하지 않더라도, 선한 행동을 하는 사람을 보거나, 듣거나 그런 사람의 일생에 대한 책이나 영화를 보는 것만으로도 면역력을 높여주는 생물학적 사이클의 변화(Entrainment)를 일으킨다'고 했다. 아름다운 가치의 힘은 정말 위대한 것이다. 이러한 효과는 감성세대인 청소년들에게 특히 더 설득력이 있다.

이러한 효과를 삶으로 보여주는 청소년 사례가 있다. 개인적으로 알고 있는 지인의 자녀인데 이 학생은 중학교 2학년 때부터 시험 3주 전에 시험공부를 시작하는 습관을 가지고 있었다. 이것은 자기주도 학습자들에게는 일명 '슈퍼 위크(Super Weeks)'라 불린다. 그런데 이 학생은 슈퍼 위크가 시작되면, 반 친구들 몇 명에게 자신의 교과서, 노트 등을 복사해준다. 물론 꼭 필요한 학생들에게 도움을 주려는 취지이기 때문에, 먼저 조심스럽게 물어본 뒤에 필요하다고 하는 친구들에게만 제공해준다.

학생의 노트필기는 거의 교과 교사 수준이라고 정평이 나 있었다. 어린 나이에 이미 그는 교육기부를 하는 셈이다. 그런데 놀라운 것은 이러한 행동을 자랑하려고 하는 것이 아니라는 점이다. 강제로 하는 눈치도 아니다. 사실 나는 알고 있었다. 이 학생이 이런 행동을 하는 것은 아버지의 영향 때문이라는 것을. 그의 아버지는 교육 관련 일을 하는데, 집 액자에 인재상이 걸려 있는데 내용이 아주 재미있다.

학생의 아버지는 지식기부로 달동네에서 야학을 운영한다. 자녀가 아주 어렸을 때부터 이 일을 시작했는데 항상 자녀를 데리고 야학 수업장소에 갔다. 그는 직장인이기에 주말 저녁을 주로 활용하였다. 아들은 어린 나이에 아버지가 하는 일을 지켜보며 성장했다. 아버지는 가

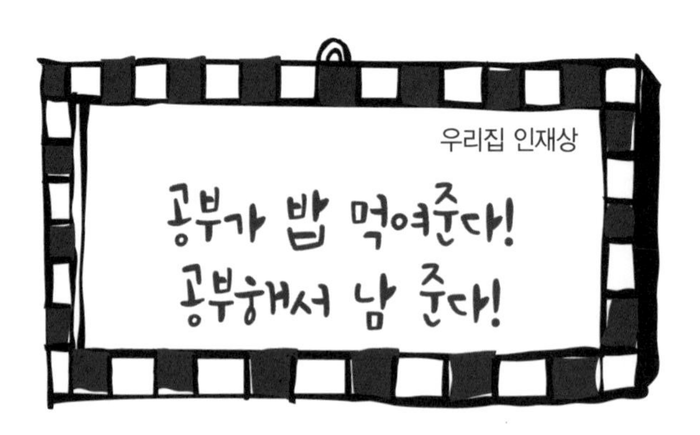

정의 인재상과 아버지의 언어, 아버지의 삶이 일관된 가치를 아들에게 고스란히 보여주었다. '자녀를 이런 사람으로 키우고 싶다'가 정말 '이런 사람'으로 키워낸 것이다.

테레사효과, 아버지효과를 통해 인재는 만들어진다. 인재는 타고난 것이 아니라, 만들어지는 것이다. 지인의 자녀처럼 인재상을 통해 개념 있는 인재로 성장한 아이들에게는 보너스 선물이 있다. 이들은 대부분 '자기주도학습자'로 성장하는 경우가 많다는 것이다. 인재상의 효과는 한 가지 영역에 국한되지 않고 다른 것을 연쇄적으로 끌어온다.

나는 직업상 학교 방문이 잦은 편인데 학교 복도를 걸어가다 보면 정

말 안타까운 모습을 자주 보게 되곤 한다. 수업시간 중에 엎드려 있는 아이들이 생각보다 많다. '이 녀석들 정말 수업태도가 엉망이군. 해도 해도 너무 하는군' 이런 생각 같은 건 들지 않는다. 오히려 '공부가 얼마나 힘들까'라는 생각이 든다. 이런 학생들의 모습에 교사는 "차라리 떠들면 야단이라도 치며 소통이라도 하는데, 무기력한 모습에는 달리 방법이 없습니다"라고 했다. 교사들의 마음도 이해가 된다.

그런데 그런 수업풍경 속에서도 교사를 뚫어져라 쳐다보며 정말 '몰입'에 가까운 수업태도를 보이는 학생들이 더러 있다. 그런 아이들이 일반적인 고등학교 교실에 몇 명이나 존재할까. 삼십 명 기준에 세 명 정도라고 한다. 그렇다면 이런 학생들은 어떤 학생들일까? 그 전에 다른 예측 하나를 해보고자 한다. 이들은 분명 교실이 아닌 다른 공간, 다른 환경에서도 타인과 대화할 때나 강의를 경청할 때 진지한 태도를 보일 것이라는 것이다. 아마도 고등학교 이전 중학교, 초등학교 때도 마찬가지였을 것이다. 그 어떤 곳에 그 누가 이야기를 하더라도 그 사람을 바라보고, 공감해주며, 고개를 끄덕이거나 눈을 맞추어주며 반응하는 삶을 살고 있을 것이다.

어린 시절부터 '배려'를 배운 아이는 상대방이 말을 할 때, 무관심한 태도를 보이지 않는다. 배려를 아는 아이에게 경청은 당연하기 때문이다. 경청을 잘 하는 아이는 말하는 이의 마음을 읽을 수 있다. 이들에게 소통은 결과적으로 따라오는 보상이다.

배려 ≒ 경청 ≒ 공감 ≒ 소통

우리 자녀들은 자그마치 16년을 학교와 대학에서 공부한다. 인성의 항목을 인재상으로 여기는 가정에서 자란 아이는 그 어떤 인성을 품더라도 학교생활에서 바른 태도를 보인다. 이러한 태도는 학교라는 환경, 교실이라는 공간, 수업이라는 상황, 그리고 교사와 친구들이라는 대상을 접할 때 '수용적인 태도', '성실한 참여' 등을 만들어낸다. 성적이라는 수치를 들이대지 않는다면 일단 이들은 대부분 교사들의 애제자이다. 교사를 존중해주고, 교사를 인정해주며, 수업시간에 참여해주는 유일한 존재들이다. 그래서 이들은 '자기주도학습자'들이 되는 것이다.

우리가 어떤 대표적인 인성을 심어주더라도 그 인성은 각가지 연쇄작용을 통해 결국 공부를 소중하게 여기게 된다. 공부를 소중하게 여긴다기보다는 삶을, 인생을, 주어진 상황을, 앞에 누가 있든 존중하고, 배려하고, 인정하고, 높여주고, 공감하며 소통하게 된다. 인성을 갖춘 아이는 결과적으로 공부를 견인한다. 인성은 어디로 가든 공부로 통할 수 있다. 갖가지 인성을 갖춘 아이가 어떻게 공부를 대하는지 살펴보자.

"배려를 갖춘 아이는, 교사를 존중하며 수업에 소홀하지 않음."

"감사를 갖춘 아이는, 학교, 수업, 교사, 그 모든 상황에 감사하며 학교생활에 참여함."

"경청을 갖춘 아이는, 교사의 언어를 놓치지 않으려는 태도를 보임."

"용기를 갖춘 아이는, 이해되지 않는 내용에 반드시 손을 들어 질문을 함."

"정직을 갖춘 아이는, 모르는 것을 아는 척 하지 않고, 끝까지 파헤치려 함."

"성실을 갖춘 아이는, 자신이 계획한 공부를 꾸준하게 해내려 함."

"책임을 갖춘 아이는, 공부가 그 시기에 자신에게 주어진 역할이라고 생각함."

"인내를 갖춘 아이는, 때로 공부하기 싫을 때에도 끝까지 해내려고 스스로 다독임."

이렇게 좋은 거라면, 바로 시작하고 싶다

공부 이야기가 나오니까 솔깃한 부모들이 많다. 이해한다. 인성이 그 자체로도 중요하다고 알고 있었는데, 인성을 갖춘 아이가 자기주도학습자가 된다는 이야기에 더 마음이 끌린다. 또한, 어떤 인성으로 시작하더라도 결과적으로 공부를 대하는 태도는 긍정적일 수밖에 없다는 설명에 더욱 믿음이 생긴다. "그렇다면 우리 집도 바로 시작할게요." 이런 엄마 아버지들의 모습이 선하다.

그런데 이상하다. 이전에 역량과 진로, 진학 이야기를 할 때도 반응이 이처럼 좋지는 않았는데 유독 공부이야기가 나오니까 더 민감해진다. 부모이고, 학부모이기 때문이다. 인성교육을 하려면 이제 무엇부터 시작해야 할까. 마음이 급한 아버지들의 언어가 들리는 듯하다.

"인성 액자부터 만들면 되는 거죠?"

가정의 인재상으로 '책임감'이라는 단어를 넣어서 액자만 건다고 되는 것은 아니다. 숨겨진 교육의 필살기가 반드시 존재한다. 인재상을 통해 인성의 가치를 심어주는 교육을 시작하고자 할 때, 가장 우선적으로 필요한 것이 '의미교육'이다. 의미를 찾아서 그 의미를 풀어주는 것은 연습이 필요하다.

『아름다운 가치사전』이라는 책에 소개된 인성을 교육하는 의미중심 교육법의 핵심접근법은 '실생활의 섬세한 관찰에 근거한 사례중심 의미 전달법'이다. 이런 방법은 자녀가 유아, 초등 때부터 인재상 교육을 시작하는 아버지들에게 최적이다. 책에서는 '감사'를 이렇게 표현하고 있다.

> 감사란, 소풍 가는 날, 엄마가 일찍 일어나 김밥을 싸 주실 때 느끼는 고마운 감정.
> 감사란, 내가 모르는 것을 선생님이 알기 쉽게 가르쳐주셨을 때 "고맙습니다"라고 말씀드리는 것.
> 감사란, 남이 나에게 베풀어준 것을 고맙게 여기고 겸손한 마음을 가지는 것. '엄마 차가 웅덩이에 빠졌을 때 사람들이 도와주지 않았다면 큰일 날 뻔했어. 정말 고마운 일이야.'
> 감사란, 아침에 나 대신 이불 정리를 해준 형이 참 고맙게 느껴지는 것. "고마워, 형! 내일은 내가 할게."
> 감사란, 내가 아파 병원에 있을 때 병문안 온 친구들에게 "와 주어서 고마워!"라고 말하는 것.
> 감사란, 고마움을 느끼고 그 마음을 표현하는 것.

감사란, 배드민턴 치는 법을 가르쳐준 아버지에게 "아버지, 고맙습니다" 하고 말씀드리는 것.
감사란, 아픈 이를 치료해주신 의사 선생님께 "고맙습니다. 이제 양치질 잘할게요" 하고 말씀드리는 것.
감사란, 설날 아침 세뱃돈을 받고 어른들께 "고맙습니다!" 하고 말씀드리는 것.

이런 방식으로 다양한 인성 항목에 대해 실생활에서 설명이 가능한 의미풀이를 10개 정도씩 정리해 놓았다. 이러한 풀이는 아버지가 인재상으로 인성 항목을 선정하였을 때, 자연스럽게 자녀로부터 질문이 나오면 풀어주는 방식이다.

이런 일상에서의 대화, 일상의 사례를 중심으로 쉽게 풀어주는 작업이 없다면, 인재상 교육은 피상적인 액자에 갇혀 버리고 말 것이다. 아버지가 주제를 던져두고, 자녀가 질문을 하며, 이에 대해 아버지가 쉬운 말로 답변해주는 문화는 그 자체가 최고의 가정교육이다. 이는 이스라엘의 '하브루타 교육'이라고 불리는 '질문중심교육'인 것이다.

"아버지가 가장 소중하게 여기는 것은 감사야. 알겠지?"

"아버지, 그런데 감사가 도대체 뭐예요?"

"감사란, 자기가 가진 것을 고맙게 여기는 마음이란다. 오빠가 없지만, 언니가 있고 동생은 없지만, 곰 인형이 있는 것을 말하지."

꼭 인재상이 아니더라도

막상 이 세계에 눈을 뜨고 나니 정말 아름다운 '인성'의 가치들이 많다는 것을 깨닫게 된다. 이러한 가치를 자녀의 어린 시절부터 차곡차곡 심어준다면, 정말 '괜찮은 인재'로 성장할 것이라는 확신도 든다. 더불어 드는 생각은 하나만 '콕' 집어서 가르치기에는 정말 버리기 아까운 인성이 많다는 것이다. 그렇다면 무엇을 망설이는가. 마음껏 인성교육을 하면 되는 것이다. 인재상이라는 아버지의 핵심가치, 가정의 자녀상 등을 자녀교육철학의 기초로 하고, 나머지 수많은 인성은 기회가 될 때마다 심어주면 되는 것 아닌가.

이런 '확장'이야말로 인재상교육의 본래 취지이며 목적이다. 가정의 인재상으로 인성의 기초를 세우면, 수많은 인성이 연쇄작용을 일으키고, 아버지는 그런 인성들을 하나씩 풀어주고 일상에서 해석해주는 '멘토'의 인생을 시작한다.

그럼 한번 연습해보자. 다음 인재상 선언과 따라오는 질문에 답변해보자.

> 우리 집 인재상은 '겸손'이다. 아버지 '겸손'이 뭔데요? 응 겸손이란 이런 거야.
>
> 우리 집 인재상은 '공평'이다. 아버지 '공평'이 뭔데요? 응 공평이란 이런 거야.
>
> 우리 집 인재상은 '관용'이다. 아버지 '관용'이 뭔데요? 응 관용이란 이런 거야.

'믿음, 배려, 보람, 사랑, 성실, 신중, 약속, 양심, 예의, 용기, 유머,

이해심, 인내, 자신감, 정직, 존중, 책임, 친절, 행복…'

이러한 인재상에 대해 아버지가 꺼낼 만한 풀이를 예로 들어보자.

"아버지, 자꾸 겸손을 강조하시는데 도대체 겸손이 뭐예요?"

"너는 겸손을 뭐라고 생각하니?"

"뭐 그냥, 겸손은 잘난 척하지 않는 것 아닐까요?

"좋은 생각이다. 또 없을까? 겸손이라는 단어의 뜻 말이야."

"사전을 보니까. 남을 존중하고 자신을 낮추는 것이래요."

"존중하는 것과 낮추는 것 중에 어떤 게 더 어려울까?"

"자신을 낮추는 것이요."

"왜 그렇게 생각하니?"

"자신이 충분히 할 수 있는 능력이 있는데 하지 않는 거니까요."

"그게 왜 어려운데?"

"어려운 게 아니라 억울한 거겠죠."

"억울한 행동을 왜 할까. 왜 그런 행동을 하는 걸까?"

"항상 그런 건 아니죠. 뭐 그런 상황에만 그러는 거죠."

"어떤 상황?"

"뭐, 그, 아이참 어려워요. 왜 자꾸 물어봐요."

자신이 겸손함으로 얻는 것이 있거나, 자신이 겸손하지 않음으로써 뭔가 잃는 것이 있다는 것을 보통 아이들이 성장하면서 자연스럽게 구분할 수 있을까? 그렇지 않을 것이다. 자라면서 자연스럽게 형성되는 것은 '겸손하면 나만 손해야'라는 생각에 가까울 수 있다.

우리가 겸손해야 하는 상황은 나를 위해서가 아니라, 앞에 있는 상대방을 위한 것임을 배운 아이들이 얼마나 될까. 진정한 겸손은 내가 노력하지 않아서, 결국 준비되어 있지 않기 때문에, 너무나 쉽게 "나는 못합니다"라고 말하는 것이 아님을 누가 가르쳐줄 수 있을까.

진짜 겸손이란, 자기가 무엇을 더 노력해야 하는지 아는 것이다. 그런 자기 모습을 남에게 감추지 않는 것이다. 그렇다면 자신이 부족하다는 것을 정직하게 고백하는 것 역시 겸손임을 언제 배울 수 있을까. 이러한 겸손의 빛나는 언어, 깊은 의미들을 가르쳐줄 수 있는 이는 '아버지'이다. 아버지의 목소리 톤과 주파수는 이런 의미를 풀어주고, '영상편지' 수준의 감성을 주기에 최적화되어 있다. 아버지들이 가만히 있으면 세상 속에서 아이들이 그런 인성을 알아서 배울 거라는 생각은 착각이다. 아버지가 적극적으로 의미를 풀어주어야 아이들은 우리가 기대하는 방향으로 성장할 수 있다. 그런 아버지들을 위해 몇 가지 의미풀이를 더 제시해본다.

공평이란,

필요한 사람에게 더 많이 주는 것.

믿음이란,

엄마가 나를 야단칠 때, 내가 미워서 그러는 게 아니라는 것을 알고 있는 것.

배려란,

친구를 위해 걸음을 천천히 걷는 것. 걸으면서 같이 이야기하는 것.

보람이란,

눈 온 날, 집 앞의 눈을 다 쓸고 나서 느끼는 뿌듯한 감정. 날마다 한 페이지씩 공부한 책을 마침내 다 끝냈을 때, '이제 다음 책을 공부해야지.'

사랑이란,

상대방에게 관심을 두는 것. 그 마음을 표현하는 것.

성실이란,

우유 배달부가 비가 오나 눈이 오나 늘 같은 시간에 우유를 갖다 놓는 것.

신중함이란,

병아리를 사는 게 좋을지 안 사는 게 좋을지 잘 생각해보는 것. 뜨거운 음식을 식탁에 놓을 때 먼저 받침을 찾아 그 위에 음식을 놓는 것.

약속이란,

두 시에 친구와 놀이터에서 만나기로 했으면 두 시까지 놀이터에 꼭 가는 것.

양심이란,

거스름돈을 더 많이 받았을 때, 바로 돌려주는 것. 그것을 알려주는 마음의 목소리.

용기란,

마음속에 도사리고 있는 두려움을 이겨내는 것. 두려움 때문에 해야 할 일을 포기하지 않는 것. 캄캄한 밤에 불을 켜는 것, 무서운 생각을 밀어내는 것.

이해심이란,

아버지가 요즘 왜 늦게 들어오시는지 알 수 있는 것.

인내란,

착한 일을 많이 하고, 크리스마스가 오기를 기다리는 것.

자신감이란,

노력하는 만큼 생기는 것. 산을 다 오르고 나서 다음에는 좀 더 높은 산을 오를 수 있다고 생각하는 마음.

정직이란,

자기가 한 일은 했다고 말하고, 하지 않은 일은 하지 않았다고 말하는 것.

책임이란,

잠자기 전에 다음 날 학교 준비물을 잘 챙겨놓는 것. 친구에게 빌려 온 책을 깨끗이 읽고, 읽고 나서 바로 돌려주는 것.

친절이란,

집 안으로 날아 들어온 매미를 밖으로 내 보내주는 것. 유리문을 밀고 나올 때 뒷사람이 나올 때까지 문을 잡고 있는 것.

행복이란,

옛날 사진을 들여다보며 웃음 짓는 것. 행복했던 일을 생각하며 다시 행복해하는 것.

– 〈아름다운 가치사전〉에서 일부 발췌

의미풀이를 들여다보니 뭔가 패턴이 보인다. 일단, 사전적인 풀이는 확실히 아니다. 사전의 내용을 자녀에게 풀어주면 아마도 재미없어 하품할 것이다. 의미풀이를 위해 일상의 소품, 상황, 경험을 끄집어내어 문장을 만들었다. 놀랍게도 상황을 풀어주면, '풀이' 그 이상의 '의미'가 느껴진다. 예를 들어, 친절이란 실수로 집안에 들어온 매미를 밖으로 내 보내주는 것이라는 표현을 떠올려보자. 문장을 읽는데 장면이 떠오르고 '씩' 웃음을 머금게 된다. 심지어 조건 없는 배려와 친절한 행동에 고마워할 매미의 마음마저 떠오르는 건 '오버'라고 욕하겠지만 그런 느낌의 문턱까지는 갈 수 있다.

인성의 언어를 풀어준다는 것은 일상에서 우리가 직접 경험하는 드라마에서 퍼 올린 샘물과 같은 것이다. 이쯤 되면 아버지는, 그리고 아버지의 언어는 시인의 깊이와 예능의 입담 패널 사이를 넘나드는 것이리라.

 유레카! 인성의 완성모형을 찾다

지금까지 달려온 길을 한번 되짚어보려 한다. 우리는 '아버지상'에서 출발하여서 한바탕 거창한 여행을 떠났었다. 아버지들의 건강한 자아상의 핵심은 '어떤 사람으로 기억될 것인가' 정도로 요약이 된다. 그런 다음, 이제 '자녀를 어떤 사람으로 키울 것인가'라는 여행지로 장소를 옮겼다. 자녀교육의 목적과 방향에 '인성교육'이라는 깃발을 꽂았다. 그 깃발을 향한 출발이 바로 '가정의 인재상'을 수립하는 것에서 시작하였다. 이 과정에 아버지들의 마음 깊은 곳 우려사항과 장애물을 발견하였고, 그것이 기존의 '성공방정식'에서 기인한 것임을 깨달았다. 그리고 이제 우리는 알았다. 기존의 성공방정식은 이미 산산조각이 났고, 새로운 '행복방정식'이 성립되었다는 것이다.

쉽게 말하면, 이렇게 가치 중심으로 자녀를 키우면 '치이지 않을까', '먹고살 수 있을까', '내 아이만 손해 보는 건 아닐까', '인성보다는 공부를 시키고 경쟁력을 키워야 하지 않을까' 그리고 '대학은 잘 갈 수 있을까'라는 기존 선입견에 하나하나 메스를 들이댔고, 결과적으로 '시대의 인재상'이 이미 바뀌었다는 것을 시작으로, 인재선발의 구조가 바뀌었음을 인정했다. 그리고 이것이 대학의 선발구조, 고등학교 선발구조에 구체적으로 변화를 가져왔다는 '지극히 사실적인 근거'를 만나게 되었다. 모든 안개가 사라졌기에, 아버지들은 이제 제대로 인성교육을 시작하기로 하였다. 그래서 '인재상' 교육을 시작하기로 결의를 다지게 되었다.

그럼 '무엇을 인재상으로 삼으면 좋을까'라는 아주 단순한 문제가 남게 된다. 인재상의 내용은 '인성'이어야 한다. 너무나 많이 들었지만, 사실은 인성이 무엇인지 말할 수 없는 딜레마에서 우리는 '가치'라는 영역으로 들어갔다. 아버지의 평생에 지키고 싶은, 그래서 자녀에게 심어주고 싶은 가장 소중한 '가치'로부터 생각해보았다. 그랬더니 드디어 물꼬가 트이면서 아버지들의 말문이 터지기 시작하였다. 할 말이 많았지만, 말할 방법과 기회가 없었던 것이다. 기왕 '가치'에 세계로 들어가 보니, 정말 아름다운 '가치'가 많다는 것을 몇몇 문헌을 통해 확인하였다.

그러나 결정적으로 중요한 것은 그 가치를 어떻게 풀어내느냐의 문제였다. 여기서 '의미교육'이라는 결정적 방법을 얻을 수 있었다. 일상에서 인성을 담고 있는 가치의 언어에 관심을 두고 이를 풀어내는 연습을 하다 보니 점차 아버지의 입에서 '빛나는 언어'가 탄생할 수 있다는 자신감을 심었다.

이렇게 새로운 세상에 눈을 떴다. '인재상'으로 시작해서 '인성교육'이라는 목표에 이르게 되었고, 그 과정에서 '의미교육'이라는 방법을 얻은 것이다. 이제 눈을 뜬 것이다. 눈을 뜬다는 것은 이전에 보이지 않던 것이 보인다는 것이다. 무엇이 보일까. 수많은 인성의 요소들이 보이기 시작했다. 수많은 인성의 가치를 다 가르쳐주고 싶은 열망과 더불어 이것을 다할 수 있을까 하는 걱정이 앞서는 단계에 이르렀고, 어떤 '규모'와 '체계'의 필요성을 찾게 되었다. 이는 특별히 논리에 강화된 아버지의 뇌 구조를 친절하게 배려한 접근이다. 인성 요소들은 나름의 속성과 카테고리를 가진다. 그리고 인성 요소들은 어떤 단계적인 성장을 보인다.

그래서 찾아낸 것이 바로 세 가지 단계이다. 인성은 개인의 영역, 관계의 영역, 그리고 사회의 영역으로 성장하는 것이다. 성품, 인성, 가치, 역량 등의 다양한 내적 사람됨의 언어들을 세 가지 측면으로 구분해볼 수 있다.

나를 사랑합니다

긍정, 당당함, 도전, 리더십, 만족, 부끄러움, 부지런, 성실, 솔직함, 습관, 양심, 야유, 인내, 자율, 자존, 절약, 절제, 질서, 책임, 후회

너를 이해합니다

걱정, 경청, 고운 말, 관용, 배려, 예의, 우애, 우정, 위로, 유머, 이해, 존

경, 존중, 친절, 칭찬, 협동, 효도

함께라서 행복합니다

감동, 감사, 공존, 공평, 나눔, 사랑, 생명, 소통, 열린 마음, 용서, 인정, 자연, 진심, 평화, 화해, 희망

– 『아름다운 인성사전』

세 가지 구분을 보면, 인성을 구분하는 것을 넘어 새로운 통찰을 얻을 수 있다. '인성교육을 어느 범위까지 시켜야 할까'라는 질문에 답변할 수 있는 실마리가 담겨 있다. 이런 아이를 본 적이 있는가. 자기 자신에 관해서는 과도하게 따뜻하고 성실한데, 상대방에 대해서는 이상하게 공감이 떨어지고 눈치가 없는 아이들이 있다. 반대의 경우도 있다. 밖에만 나가면 '만인의 연인'일 정도로 평화의 상징, 배려의 아이콘인데 유독 집에만 들어오면 '다른 사람'으로 모드가 변경되는 아이. 또 이런 아이도 있다. 늘 타인을 배려하고 주변을 살펴 도움이 필요한 사람에게 민감하게 반응하는 아이. 얼마나 아름다운가. 그런데 유독 자기 자신을 사랑하는 데는 인색하고 피해의식이 강하다. 일일이 찾아보면 더 많은 디테일한 '불일치'를 만날 수 있다.

오해는 말자. 우리는 완벽한 아이를 꿈꾸는 게 아니다. '건강한' 아이를 꿈꾸고, '행복한' 아이를 기대하며, '균형 잡힌' 마음을 키워주고 싶은 것이다. 그런 측면에서 볼 때, 인성에는 어느 정도 '완성된 모형'이 존재한다.

어쩌면 이것이 바로 '인재상'을 통한 아버지들의 자녀교육 완성체가 아닐까. 바로 인재상의 완성모형이다.

인성교육의 3단계 완성모형

- **1단계 :** 나를 사랑한다.
- **2단계 :** 상대방을 이해한다.
- **3단계 :** 사회속에서 함께 행복해한다.

뿌듯하다. 뭔가 가장 중요한 것의 매듭을 하나 지은 느낌이 든다. 누구나 필요를 느꼈지만, 어디서부터 풀어야 할지 막연했던 일을 한 것이라는 생각이 든다. 완벽하지는 않지만, 완성을 위한 과정과 방법까지는 접근한 것이다. 적어도 아버지들의 논리적인 면에 최대한 맞춰서 한 걸음 한 걸음 과도한 비약을 나름 삼가면서 논리(logic)와 순서(flow)를 잡아보았다. 그런데 아직도 마음 한구석에 개운치 않은 뭔가가 꿈틀거린다. 애써 숨겨두고 싶었는데, 자꾸 생각이 삐져나온다. 그것을 해결하지 않고서는 계속 두고두고 마음이 불편할 거라고 부추긴다.

'인품, 인격, 기질, 개성, 성격, 인간성, 사람됨, 본성, 심성, 도덕성, 가치, 성품, 품성, 역량 등 너무 모호하거나, 혹은 너무 많은 요소가 혼재하고 있어 행여 아이들과 가르치는 이들이 어려움을 겪는 것은 아닐까?'

솔직히 말하면 판도라의 상자를 열 용기가 없었다. 인성교육진흥법이 통과된 현재도 아직 학문적으로 사회적으로 합의된 '인성'에 대한 명확한 개념 정리는 쉽지 않은 게 현실이다. 그러다 보니 유사한 개념들이 무분별하게 그리고 혼란스럽게 사용되기도 하는 실정이다. 바로 이 부분이 내 마음 구석에 자리 잡은 불편함의 진실이었다. 그래서 한 번 살펴볼 작정이다. 하지만 이제 막 이 세계에 동참한 아버지들의 생각을 불편하게 만들지 않도록 더 섬세하게 마음을 기울여서 풀어보고자 한다. 세세한 개념을 모두 풀어, 모든 것을 체계화한다면 내 속은 시원하겠지만 어렵게 인재상교육을 시작하기로 마음먹은 아버지들의 생각은 오히려 복잡해질 수 있다. 그래서 오직 한 가지에 집중하고자 한다. '본질'에 충실할 수 있는 '통찰'을 심어주는 것이다.

'본질'에 충실하면 '변화'에 자유롭다

아버지들과 함께하였던 컨설팅 수업에서 이러한 시도를 한 적이 있다. 당시 아버지들을 네 명씩 그룹을 지어, 토론하는 모형으로 워크숍을 진행하였다. 강의 주제는 '인재상과 자녀교육'이었다. 이 주제로 일주일에 한 번씩 몇 회에 걸쳐 만남을 가졌고, 한 주 강연이 끝날 때 과제를 주어 가정에서 적용해보는 방식으로 진행하였다.

그들에게 매우 특별한 미션을 주었다. 그중 한 그룹의 토론 결과를 소개해보고자 한다. 물론 앞선 강의를 통해 인재상에 대한 인식과 실습은 이 책의 흐름과 동일하게 모두 진행하였다.

"수많은 인성 중에서 딱! 아홉 가지를 자녀에게 심어주어야 한다면 무엇을 선택할 것인가요?"

"사랑스러움, 즐거움, 화목함, 오래 참음, 자비로움, 착함, 성실함, 친절함, 절제."

"오직 네 가지를 자녀에게 심어주어야 한다면 무엇을 선택할 것인가요?"

"수신修身 제가齊家 치국治國 평천하平天下."

"세 가지만 자녀에게 심어주어야 한다면 무엇을 선택할 것인가요?"

"Faith, Hope, Love."

"마지막으로 딱! 한 가지만 자녀에게 심어주어야 한다면 무엇을 선택할 것인가요?"

"사랑!"

물론 다른 그룹에서는 다른 다양한 의견들이 나왔다. 일부분 공통적인 의견도 있었다. 중요한 것은 '목록'이나 '개수'의 문제가 아니라는 점이다. 더 중요한 것은 모든 개인과 공동체가 합의된 의견을 꺼내면 대부분은 수긍이 되고 '고개가 끄덕여진다'는 점이다. 그렇다고 코에 걸면 코걸이, 귀에 걸면 귀걸이 식으로 '인성 춘추전국시대'를 말하는 것은 아니다. 일관된 본질은 분명 존재한다.

그런데 세부적인 변화는 분명 존재한다. 여기에서 변화는 개념, 용어, 구성, 범위, 관계, 순서 등의 수많은 속성을 말하는 것이다. 그래서 어느 시대, 어느 시점, 어느 집단에서 '이것이 정말 인성의 표준이다. 따라서 이 용어, 개념, 세부항목, 교육방법만을 따라야 한다'라고 하는 것은 무리수가 있다고 생각한다.

인성과 인성교육에 대한 수많은 저서, 연구자료, 논문 등을 보았다. 개념에 대한 의미 규정 작업이 상당했으며, 특히 카테고리 작업도 지속하였다. 공부하면 할수록 초반에는 혼란스러움이 가득했다. 하지만 점차 머릿속에는 한 가지 공통점으로 그 모든 내용이 수렴되기 시작했다. 이는 충분한 '양적 연구'를 통해서 내린 나름의 결론이다. 내용은 간단하다.

'인성은 인간이 갖추어야 할 본성이고,
사회적으로 유익한 것이며,
교육을 통해 대상의 변화를 만들어낼 수 있는 것이다.'

이러한 공통점을 토대로 다시 수많은 인성 항목을 바라보니, 왠지 모를 '자유로움'이 온 마음에 퍼지기 시작하였다. 전에 느꼈던 혼란스러움은 온데간데없이 사라졌다. 인성과 유사한 수많은 단어를 깔끔하게 정리해서 표준을 만들어내야 한다는 부담도 느껴지지 않았다. 그렇다면 두 가지에 집중하면 될 것 같다.

"본질이 무엇인지 아는 것,
그리고 변화의 방식을 이해하는 것"

본질은 변화의 거대한 파도 아래, 저 깊은 물속에 자리 잡은 느린 흐름이어야 한다. 변화는 어떤 시간이나 공간, 그리고 상황, 대상에 따라 인성이 어떤 방식으로 옷을 갈아입는지를 살피는 일종의 '패턴'이다.

"인성의 본질은 일관되고, 인성의 내용은 시간, 공간, 상황에 따라 옷을 갈아입는다."

변화의 패턴을 보는 예를 들어보자. 인성이라는 단어가 '성품학교'로 가면, '성품'이라는 단어로 사용되어 성품교육으로 옷을 갈아입는다. 이것이 '한국 품성계발원'으로 가면, 용어 자체가 '품성'으로 자리를 잡는다. '아름다운 가치학교'로 가면 '가치'라는 단어로 사용된다.

본질 요소에 더욱 집중하다

인성, 가치, 성품, 사람됨, 품성, 도덕성, 본성, 인간성, 인품 등 그 어떤 단어라 할지라도 다섯 가지 본질을 이해한다면, 이후의 그 어떤 변화가 있더라도 모두 담아낼 수 있는 그릇을 만드는 것이다. 그리고 그 그릇의 사이즈는 크고, 바닥은 깊을수록 좋다. 그래야 넉넉하게 다양한 내적요소 담아낼 수 있다.

아버지들은 알고 있다. 첫 아이를 키웠다고, 둘째 아이 키우기가 쉬운 일이 아니라는 사실을. 자녀교육에 대한 교육을 많이 받았다고 절대 양육이 쉬운 것도 아니다. 한 가지 고비를 넘겼다고, 그다음부터는 아무런 문제가 없는 것도 아니다. 늘 변화무쌍하고, 아이들은 새로운 변화를 몰고 다니며, 부모는 이에 대응해야 한다. 배려를 강조했더니, 이번에는 자존감이 부족해 보이고, 공동체의식과 질서를 강조했더

인성교육의 완성단계

자신을 사랑하고 → 상대방을 이해하며 → 사회와 동행한다

인성교육의 본질

머리로 이해하고 ↓ 가슴으로 느끼며 ↓ 행동으로 적용한다

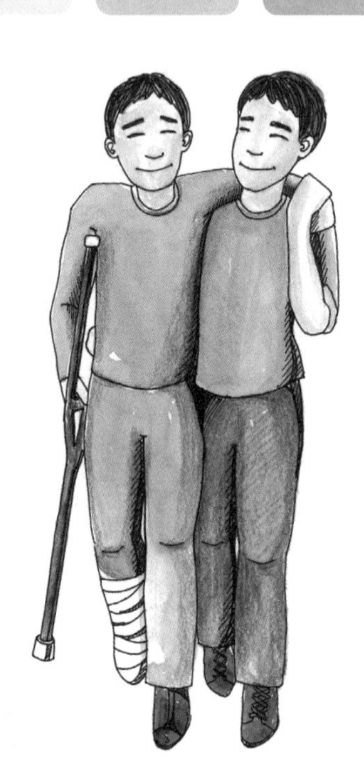

니 창의성과 융통성이 떨어져 보인다. 어떻게 해야 할까. 당황하지 않을 배짱과 넉넉함이 필요하다. 그 넉넉함이 바로 그릇의 크기이다.

'본질은 변화를 담아내는 그릇'

우선 인성은 평생 성장한다. 생애 전체가 인성이 만들어지는 구간이다. 따라서 어느 시점에 완성될 것이라는 조급함을 먼저 버려야 한다. 그리고 완벽하게 완성을 마치고 그다음 단계로 진입시키겠다는, 그런 지극히 직업적인 프로젝트 진행방식과 욕심을 내려놓는다. 그렇게 되면 자연스럽게 인성을 어떤 '결과'로 바라보지 않고 '과정'으로 이해하게 된다. 생애전체를 구간으로 만들어가는 과정인 것이다. 어떻게 만들어지는가. 경험을 통해 의미가 마음에 내려앉는다. 그렇다고 '교육무용론'은 아니다. 교육이라는 큰 범주 안에서 '경험'이라는 요소가 포함될 때 자녀의 머리, 마음, 행동에 인성이 자리를 잡는다.

그 많은 인성의 항목을 어떻게 교육할까. 걱정하지 말자. 아버지가 세운 가정의 인재상의 우선순위대로 가면 된다. 그것만 제대로 시작하면, 그다음에는 자연스럽게 하나의 인성이 다른 인성을 자극하고, 유발하며, 포함하기도 하며 연쇄작용을 일으킨다. 이러한 확신을 꼭 품어야 여유를 가지고 확신을 품고 갈 수 있다.

그렇다면 어떻게 아이에게 그러한 내용을 전달할 것인가. 일단 의미중심교육을 시작해야 한다. 하지만 인성을 의미전달 위주로 치우치는 것은 자칫 치명적 오류를 만들 수도 있다. 마치 '글을 읽는 즐거움'을 느끼기도 전에, '글쓰기 기술'을 교육하는 데에 집중한 결과, 글쓰기 자체를 싫어하게 되고, 결과적으로 글을 읽는 것도 멀리하게 되는 결과를 만들 수도 있다. 습관을 심어주기 전에 감성을 살펴야 하는 이유이다.

의미중심의 교육을 하되, 철저히 가슴으로 인성을 공감하게 하는 것에 더욱 집중해야 한다. 그러기 위해 앞에서 언급한 '경험'에 근거한 인성교육을 겸하는 것이다. 머리로 이해하고, 가슴으로 공감한 인성교육의 결과는 '행동'으로 적용되고 실천되는 것을 지향해야 한다. 머리로

"이런 순서로 인성교육을 시킬 겁니다."

"내 아이는 자존감이 낮으니 자신을 사랑하는 인성항목에 집중할 계획입니다."

"내 자녀는 상대방을 존중하고 배려하는 부분이 약합니다.
이 부분을 인재상으로 삼고 인성교육을 할 겁니다. "

"내 아이는 공동체와 사회성을 우선으로 키우기 위해 인재상을 정할 겁니다."

"저는 자녀의 성장 시기별로 인재상을 정해서 인성교육을 할 것입니다."

이해하고, 가슴으로 공감하며 행동으로 실천되는 것이 인성교육의 교육방법이다. 삶이라는 현장에서 아버지와 함께 인성교육을 한다고 했을 때, 교과서는 '삶 그 자체'이며, 교사는 '아버지'이고, 교수학습방법은 이해, 공감, 실천의 3단계이다.

인성교육의 본질요소 중 마지막은 인성과 관련된 수많은 항목을 어떻게 '바스켓팅'할 것인가의 문제이다. 과일바구니에 과일을 담는 것처럼 수많은 과일 중에 내가 먹고 싶은 과일, 가족이 먹고 싶은 과일, 제철에 나는 과일, 그리고 자녀의 성장에 필요한 영양분을 함유한 과일을 골라 바스켓에 담는 것이다.

어느 날은 마트 과일 코너에 갔더니, 노란 수박이 등장하였고, 씨 없는 멜론이 등장하였다. 그다음 주에 갔더니 이전에 나지 않던 열대과일이 지구온난화로 제주도와 남부지방에 재배할 수 있게 되어 과일부스에 당당하게 자리를 잡고 있다. 과일의 세계에 일어난 어마어마한 변화를 우리는 이제 불편해하지 않는다. 계절과일이 있어 예측이 가능하거나, 하우스재배의 상설화로 언제나 볼 수 있는 과일이 이제 익숙하다. 또한, 품종개량으로 과거에는 상상할 수 없는 색상과 내용이 등장해도, 우리는 그저 미소를 지으며 선택의 즐거움을 누린다. 옷을 갈아입어도 참외는 참외이고, 노란색 바탕에 빨간 줄무늬가 있어도, 우리는 변함없이 칼로 썰어서 "수박 맛있네"라고 말할 것이다.

'이것은 자기를 사랑하는 데 필요한 인성항목, 이것들은 상대방을 이해하는 데 필요한 인성항목, 그리고 이것들은 민주시민으로서 사회와 함께 살아가는 데 필요한 인성항목이군.'

과일의 세계에서 바구니를 들고 종횡무진 누리던 통찰과 크게 다르지 않다. 인성교육의 본질을 한마디로 정의해본다면, '인성교육의 다양한 변화와 선택요소를 담는 그릇'이라고 다시 말할 수 있다. 내용상으로는 머리로 이해하고, 가슴으로 느끼며, 행동으로 실천하는 것을 포함한다. 성장단계로는 자신을 사랑하고, 상대방을 이해하고, 사회 속에서 동행하는 것을 포함한다.

본질을 이해하였으니, 남은 것은 이제 인성의 변화요소이다. 변화요소에는 가장 빈번하게 옷을 갈아입는 '명칭' 부분에 대해 살펴볼 필요가 있다.

넉넉하게 모든 용어를 품어버리자

인성에는 다양한 명칭이 존재한다. 나는 그 명칭을 이 책에서 '인성'이라 표현하고 있다. 명칭은 중요하다. 명칭은 바라보는 시각을 담고 있기 때문이다. 인성을 '가치'라고 표현하면 '소중하게 여기는 것'이라는 개념에서 '우선순위'라는 요소가 강화된다. 즉 더 소중하게 여기는 것이 존재한다는 것이다. 가치판단이라는 단어로 많이 사용되는 것도 선택과 판단, 우선순위 등이 그 단어 안에 포함되어 있기 때문이다.

언젠가 '도덕성'이라는 주제로 방송에서 실험한 영상을 학생들에게 보여주고 의견을 물었었다. 영상에는 담당PD가 참가했던 사람들에게 비용을 지불하는 장면이 나온다.

"자, 여기 말씀드린 15만 원입니다. 맞죠?"

"네? 네…."

전날 통화했을 때와는 분명 다른 액수다. 10만 원으로 알고 인터뷰 아르바이트에 참여했는데, 막상 일이 끝나고 받은 봉투에는 15만 원이 들어 있다. 10명의 참가자 모두에게 미리 약속한 것보다 5만 원이 많은 15만 원을 주었다. 그런데 그냥 주지 않고 꼭 한마디씩 물어보는 것이다.

"어제 말씀드렸던 15만 원입니다. 맞죠?"

그런데 놀랍게도 10명 가운데 액수가 잘못되었다고 문제를 제기한 학생은 아무도 없었다. 영상시청을 마치고 학생들에게 물어보았다.

"너희들이라면 어떻게 하겠니? 방송 참가자들처럼 그냥 15만 원을 받겠니, 아니면 액수가 다르다고 말하겠니?"

"당연히 그냥 받아야죠."

"받아야죠. 돈을 더 준다는데, 왜 뿌리쳐요?"

"5만 원을 더 주었다고 얘기해야죠. 5만 원에 양심을 팔 순 없잖아요."

'가치'와 '선택'을 설명하기 위해 함께 보았던 영상의 예이다. 교육현장에서 '가치'라는 단어로 수업하는 경우에는 소중한 것을 추리고, 선택하며 상황에 따라 판단하는 활동을 하곤 한다. 예를 들어, 가치관 경매와 같은 활동이다.

아래에 제시된 가치목록에서 5개의 우선순위를 찾고, 이를 실제 그룹 활동에서 '경매'를 진행한다. 물론 가짜 돈을 사용하거나 비슷한 지불방식을 택한다. 담당자가 앞에서 단어 하나씩을 들면서, 의미를 이야기하면 참여한 학생들은 자신이 이미 우선순위로 정한 가치 단어를 사기 위해 가용범위 안에서 액수를 부르고 서로 배팅하는 방식이다. 학생활동에 굳이 돈을 사용하는 이유는 나름의 이유가 있다. 돈 그 자체도 중요한 가치이며, 소중한 것을 얻기 위해 대가를 지불해야 한다는 의미와 함께 돈은 가치를 위해 사용해야 한다는 마인드를 심어주려는 의도도 반영된 것이다.

- 사랑 : 인종이나 국경을 넘어 인간을 아끼고 위하며 사랑을 베푸는 일
- 용기 : 힘 앞에 굴하지 않는 굳센 기운
- 비전 : 이상을 추구하기 위한 자기 통제
- 우정 : 인정과 우애가 있는 대인 관계
- 정의 : 차별과 편견, 불의가 없는 세상을 만드는 일
- 가족 : 가족 간의 사랑과 신뢰를 지키는 일
- 리더십 : 내가 속해 있는 집단을 올바른 방향으로 이끄는 힘
- 건강 : 질병 없이 활기차게 오래 사는 것
- 지식 : 인간과 사물에 관한 진지한 탐구와 온전한 이해
- 신앙 : 신의 말씀에 따르는 삶, 신의 사명에 따르는 삶
- 통찰력 : 미래를 볼 수 있는 눈
- 안정 : 소중한 것들을 흔들림 없이 지켜 내는 삶
- 성취 : 노력을 통해 어려움을 극복하고 과제를 해결하려는 적극적인 행동

- 명예 : 많은 사람의 존경과 칭송을 받음
- 성실 : 정성스럽고 참된 태도로 살아감
- 전문성 : 한 가지 일에 통달하여 인류에게 유익을 줌
- 정직 : 거짓이나 꾸밈없이 진실하게 하는 삶
- 권력 : 사회를 통제하여 다스리는 힘
- 창의성 : 새로운 생각이나 의견을 내놓음으로써 많은 사람에게 유익을 줌
- 돈 : 원하는 것을 소유할 수 있는 경제력
- 개척 : 아무도 손대지 않는 새로운 분야를 닦아 나가는 일
- 도전 : 어려운 과제에 정면으로 부딪치는 힘
- 자존감 : 자신에게 만족하며 사는 삶

하지만 어떤 명칭으로 들어가도 공통요소는 언제나 존재한다. 그리고 그 명칭에 해당하는 특성을 담은 요소들이 존재한다. 가치판단 활동에서의 가치목록에는 인성의 다른 명칭과 목록에서 볼 수 없었던 단어가 등장한다. '돈, 권력, 명예, 안정, 건강, 가족, 우정' 등이다. 매우 특별한 구성이다. 가치판단이라는 활동을 전제로 하고, 교육활동이라는 장소나 공간의 특별 구성이 반영된 결과라고 할 수 있겠다.

그렇다면, 다양하게 사용되는 '인성'의 다른 '명칭'들을 어떻게 받아들여야 할까. 합집합의 개념을 권하고 싶다. 어차피 우리 아버지들의 목적은 자녀를 인재로 키우고 싶은 '인재상'을 목적으로 하므로, 더욱 풍성한 항목이 나쁠 게 없다. 다만 여기서 한 가지 주의할 게 있다. 인성의 명칭이라고 하면, 인성, 가치, 성품 등의 통칭하는 이름을 말하는

것이고, 인성 목록, 인성 항목, 인성 요소 등을 말하면 정직, 사랑, 경청, 배려 등의 세분화된 항목을 말하는 것이다. 모두 합쳐진 가장 큰 덩어리를 '인성', '미덕' 혹은 '사람됨' 정도로 표현하면 어떨까.

'가치∪성품∪인성∪역량∪… = 미덕 ≒ 사람됨'

인성의 명칭은 전문적인 분야마다 특성에 따라 다르게 표현되거나, 차별화된 항목들이 도드라지기도 한다. 이러한 변화 원리를 아는 것도 넉넉함을 유지하는 데에 도움이 된다. 예를 들어, 심리분야에서는 주로 '~감'이라는 내적 요소가 많이 등장한다. 자신감, 가치감, 소속감, 효능감, 자존감 등이 항목으로 등장한다. 진로분야로 넘어가면, 직업윤리, 직업가치라는 새로운 명칭이 등장하는데 이는 그 분야의 특성이다.

또한, 인성의 명칭은 세분화의 원리로 탄생한 단어들도 있다. 절약, 절제, 검소, 인내 등이다. 비슷한 듯하지만 섬세하게 용도를 달리하는 단어들이다. 절약은 주로 물건을 꼭 필요한 데만 사용하여 아끼는 것이고, 절제는 욕심이나 마음을 조절하는 것이다. 검소는 사치하지 않고 수수한 삶의 자세를 말하는 것이며, 인내는 행동을 참아내는 것이다. 하고 싶은 것을 하지 않고 참거나, 하기 싫지만 끝까지 해내는 것이다. 이렇듯 세분화의 원리로 인성의 어휘들은 확장에 확장을 거듭한다.

인성 명칭의 변화는 '공간'에 따른 차이로 발생하기도 하다. 가정, 학교, 대학, 직장, 교회, 성당 등 각 공간의 특성에 따라 인성의 언어는 공통요소 외에 특별함을 옷 입는다. 교회라는 공간에서는 섬김, 헌신 등의 특수 언어들이 인성항목을 채운다. 이때는 인성이라는 범주 옆에 영성이라는 범주를 새로 만들기도 한다.

이처럼 인성의 변화요소는 주로 명칭의 측면이다. 결론은 너무 일부분에 매이지 않고, 다양하고 폭넓게 인성 언어를 수용하자는 것이다. 그리고 자녀의 어느 한 시기에 한 가지 인성에 시선을 묶지 말고, 아이의 성장과정에 따라 점차 인성의 인재상도 변화를 적용하자. 인성의 거대한 변화의 흐름에 넉넉함으로 우리 자녀를 맡겨 보자.

 인재상을 정했다면, 이제 시작이다

앞서 아버지들과의 강의에서 '최고의 인재상' 토론을 했던 사례를 소개한 바 있다. 그때 토론 결과 우승 영광을 차지했던 인성은 '성실'이었다. 이후 어떻게 이것을 토대로 인성교육을 시작해야 하는 것인지 함께 방법을 찾아보는 활동을 했었다. 먼저 '성실'이라는 인성 항목의 정의를 내려달라고 미션을 제시하였다.

〈1단계 미션. '성실이란 무엇인가' 정의 내리기〉

사전을 찾아보았다. 그런데 시원하지는 않았을 것이다. 사전에 나온 성실은 '성숙하여 열매를 맺다'로 기록되어 있다. 일상에서 느끼는 성실이라는 단어와도 거리가 있는 설명이다. 아버지들은 각자가 자신이 생각하는 의미를 줄기차게 꺼내기 시작하였다. 이제 와서 드는 생각이지만 당시 아버지들의 수준은 정말 대단했던 것 같다. 당시 기록해 두었던 참가자들의 의미 충만한 발표 사례를 소개해본다.

"성실이란, 목표를 계획으로 바꾸어, 실천하고 결국 그 목표를 이루어내는 것이다."
"성실이란, 아무도 보는 이 없을 때 내가 하는 행동이다."
"성실이란, 처음 시작한 것을 끝까지 해내는 것이다."
"성실이란, 자신에게 주어진 시간과 공간 위에서 최선을 다해 의미를 만들어내는 것이다."
"성실이란, 나 자신과 약속을 하고, 그 약속을 지키는 것이다."
"성실이란, 내가 있어야 할 자리에서 내가 해야 할 일을 하는 것이다."
"성실이란, 누군가 나의 이름을 떠올렸을 때 머릿속에 떠오르는 그것이다."

아버지들의 저력이 바로 이것이다. 회사에서 쏟던 에너지의 일부분만 쏟아도 이런 몰입을 만들어낸다. 바로 〈아버지들의 인성사전〉을 만들어도 될 정도이다. 어느 것 하나 버릴 것이 없다. 무엇보다도 각각의 의미가 삶의 현장에서 깊은 우물에서 끌어올린 의미들이라 더 없이 그 맛이 깊고 시원하다. 그래서 일단 정의는 그대로 수용하고, 바로 두 번째 미션을 주었다.

〈2단계 미션. '성실한 사람의 특징' 찾아보기〉

성실한 사람들은 어떤 특징이 있을까? 그룹별로 새로운 미션에 대해 다시 토론을 시작하였다. 주변에 성실한 사람을 본 적이 있는가. 자기 자신은 성실한가. 어떤 상황에서 성실한가. 상황에 따라 성실하지 않은 예도 있는가. 변함없이 일관된 성실함을 갖춘 사람은 마음속에 어떤 생각이 들어있는 걸까. 혹시 성실함을 갖춘 어린아이, 청소년을 본 적이 있는가. 성실한 사람이 갖춘 다른 인성은 어떤 것들이 있을까. 그러한 인성 항목은 성실함에 어떤 영향을 주는가. 토론을 위해 새로운 질문을 던져주어 생각을 자극하고 발상을 도와주었다. 수많은 의견이 나왔지만, 가장 인상적인 몇 가지를 소개한다.

"성실한 사람은, 계획성이 있다. 왜냐하면, 목표가 있어야 지속가능한 동기가 생긴다."

"성실한 사람은, 책임감이 강하다. 주어진 일을 자신의 책임으로 받아들인다."

"성실한 사람은, 인내력을 갖추고 있다. 힘이 들어도 절대 포기하지 않는다."

"성실한 사람은, 정직하다. 아무도 보지 않아도 묵묵히 자신의 역할을 해낸다."

"성실한 사람은, 겸손하다. 부족하다고 여기면 도움을 요청해서라도 그 일을 해낸다."

당시 나는 아버지들의 의견을 모아, 화면에 슬라이드 한 장을 바로 현장에서 만들어 보여주었다. 인재상을 '성실'이라는 인성 항목으로 결정한 가정에서, 그 인재상에 근거하여 세부적으로 어떤 기준으로 살아야 하는가를 한눈에 알 수 있게 액자의 사이즈를 키운 구성을 보여주었다. 맨 위에는 '성실'에 이르는 핵심 인재상을 크게 보여주고, 바로 그 아래에 '성실'이라는 인성의 세부항목, 혹은 연관 인성을 단어 위주로 깔끔하게 표현하였다. 그리고 바로 그 아래에 단 한 줄 정도로, 아버지들이 내린 정의와 성실한 사람의 특징 문장에서 가장 '울림' 있는 부분을 담아서 문장으로 구성하였다. 이렇게 딱 세 줄을 담아 마치 액자에 표현한 것처럼 슬라이드로 보여주었다.

당시 화면을 본 아버지들의 표정이 지금도 기억에 생생하다. 이제야 뭔가 가닥을 잡은 듯한 그런 표정이었다. 실마리를 찾은 듯하였다. 가정

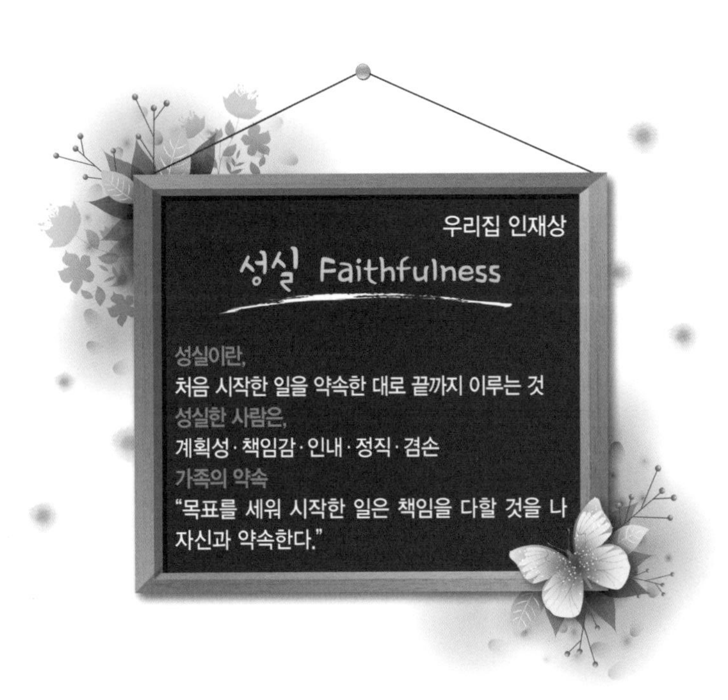

에서 무너진 아버지의 자리를 다시 찾아, 처음부터 기초부터 근본부터 차근차근 벽돌을 쌓아 올리기 위한 준비를 마친 '비장함'이 감돌았다.

사실, 이 정도만으로도 충분하다. "인재상을 정한 뒤에는 어떻게 해야 하나요?"라는 질문에 대한 답변으로 어느 정도 해소가 될 수 있다. 액자에 담긴 내용을 보면, 가장 중요한 것이 무엇인지 알 수 있고, 이것을 위해 함께 갖추어야 하는 것이 무엇인지 또한 이해할 수 있으며, 마지막 약속 문장을 통해 마지 광고카피처럼 마음 판에 어떤 '울림'까지 만들어내었다.

이 정도면, 가족들이 그 어떤 상황에서도 이 액자를 보며 자신의 삶에 성실함을 이루기 위해 노력하지 않을까. 잔소리하지 않아도 되고, 결정권을 위해 사소하게 다투지 않아도 되지 않을까. 아버지는 자신이 주도하여 세운 '삶의 목적'을 매일 바라보면서 자신의 말과 행동이 흐트러지지 않도록 매일 마음을 다잡을 수 있다. 자녀는 그런 아버지를 매일 관찰하면서 말 그대로 아버지를 닮아가지 않을까. 이런 모습이 연출된다면 그 전까지는 온갖 악역을 담당하던 엄마는 무엇을 할까. 엄마는 일을 하러 다시 나갈 것이다. 잃어버린 엄마의 꿈을 찾으러 나설 것이다. 그야말로 온 가족이 행복해지는 것이다. 이것이 바로 인재상이 만들어낸 변화이다.

〈3단계 미션. 성실함을 가장 잘 나타내는 상징을 찾으시오.〉

여기서 끝나지 않았다. 나는 아버지들에게 세 번째 미션을 주었다. 성실함을 나타낼 만한 비유 혹은 상징물을 찾으라는 미션을 주었다. 한 번에 성실함을 말해주는 식물, 동물 등의 자연물, 혹은 스토리를 갖춘 상징적인 물건 등을 탐색하라는 미션을 주었다. 단, 조건이 있다. 그 이미지를 바라보기만 하여도, 특징이나 스토리가 단박에 떠오르며 '성실'이라는 의미가 다가오는 것이어야 한다.

개미, 꿀벌, 수달, 소나무….

각각의 상징물을 선정한 이유를 구구절절하게 리서치 결과를 들었다. 그중에 하나 '소나무'를 투표로 결정하여 방금 전 슬라이드로 구현한 인재상 액자에 이미지를 넣었다. 여기서 소나무는 두바이의 사막에 있는 소나무 이미지이다. 사막 모래 위에 소나무 길이 있다. 불가능해 보이는 장면이다. 알고 보니, 모래 밑 깊은 땅속으로 물이 지나가는 관을 사막까지 끌어다 놓아, 소나무 뿌리에 일일이 연결한 것이다. 두바이 노동자들의 땀이 만들어낸 창조의 결과이다.

이제 마지막 미션을 남겨두고 있다. 이것은 굳이 액자에 넣지 않아도 된다. 이 정도 했으면 충분하다는 생각이 들 수 있다. 이런 방식으로 '성실' 대신 '배려'를 넣거나 '리더십'을 넣어도 충분히 가능하리라 생각한다. 그럼에도 불구하고, 한 가지 미션이 남아 있다. 바로 이러한 인재상 수립과정에 가족이 함께 토론한 것처럼, 지속해서 인재상을 점검하고 발전시키며 가족이 대화하는 '문화'를 만들어야 한다는 점이다.

〈4단계 미션. 성실의 인재상을 구현하기 위한 가정의 문화 제안하기〉

지속가능한 인재상 실천을 위해, 인재상을 수립하는 과정처럼 정기적인 가족의 대화시간을 가지거나 피드백의 장치를 만들어보는 것이다. 이를 위해 아버지들의 토론결과는 나의 기대를 저버리지 않았다. 이쯤 되면 나의 의도를 정확하게 이해하였다기보다는, 자신들이 실제로 가정에서 이렇게 적용해야 하겠다는 실천 방안을 찾는 분위기에 가까웠다.

"일주일에 하루 '인재상 피드백'을 하는 '가족 피드백 타임'을 만든다."
"Thanks Giving is Family Day : TGiF 금요일마다 밥상머리 토론 시간 갖기."
"가족 각자의 편지함을 거실에 만들어, 일주일에 하루 서로에게 카드 쓰기"

아버지들의 얼굴에는 기대가 만발했다. 너무 유치하지만, 또한 이것이 답인 걸 알고 있지만, 지금까지 하지 않던 것을 이제는 할 수 있는 '명분'을 찾은 것이다. 아버지가 나설 만한 기회가 없었는데, 인재상이라는 깃발을 꽂으니 아버지에게 진정한 리더십의 기회가 찾아온 것이다. 아버지들의 얼굴을 찬찬히 보니, 진정한 '아버지 됨'을 회복할 수 있다는 희망이 보였다. 이상한 것은 희망과 함께 울분도 보이고, 그간의 쌓인 서러움도 일부 보였다.

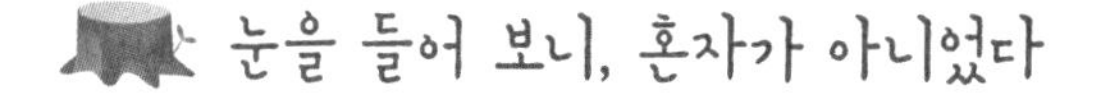

눈을 들어 보니, 혼자가 아니었다

아버지들은 인재상과 인성교육의 방법을 통해 새로운 세상을 깨달았다. 왜 이런 것을 몰랐단 말인가. 이런 건 나만 알고 있으면 안 되지, 어서 빨리 다른 사람에게도 전해야겠다고 마음을 먹는다. 그런데 이게 웬일인가. 새로운 것을 볼 줄 아는 눈으로 세상을 바라보니, 이전에 보이지 않던 것이 보인다. 이미 이런 인재상과 인성교육으로 살아가는 사람, 집단이 이미 존재하고 있다. 알고 보니, 내가 보는 눈이 없어 볼 수 없었던 것뿐이다.

어느 날 나는 자녀의 학교에 방문했다가, 학교 화장실을 이용하게 되었다. 그런데 화장실 좌변기 앞 눈높이에 특별한 메모를 발견하였다. 그 어디에도 없는, 그 누구도 다른 곳에서 단 한 번도 본 적이 없을 것 같은 것이 붙어 있었다.

이달의 품성 : 배려·존중

나의 자유를 '제한'함으로써 내 주변에 있는 사람들의 '기분'을 상하지 않게 하는 것.

약속 1. 내 주변 사람들을 먼저 배려하겠다.

약속 2. 다른 사람의 감정을 존중하겠다.

약속 3. 감정을 상하게 하는 말을 하지 않겠다.

약속 4. 공공장소에서 큰 소리를 내지 않겠다.

약속 5. 나의 복장을 단정하게 하겠다.

신선한 충격이었다. 일단 화장실에 붙어있는 것 치고는 창의적인 접근이다. 그런 놀라움을 간직한 채, 화장실에서 나온 뒤 나는 다른 사실도 발견하였다. 복도, 교실 등 여기저기 학생들의 공간과 동선마다 같은 게 붙어 있었다. 추론해보니, '이달의 품성'이라는 표현은 매월 다른

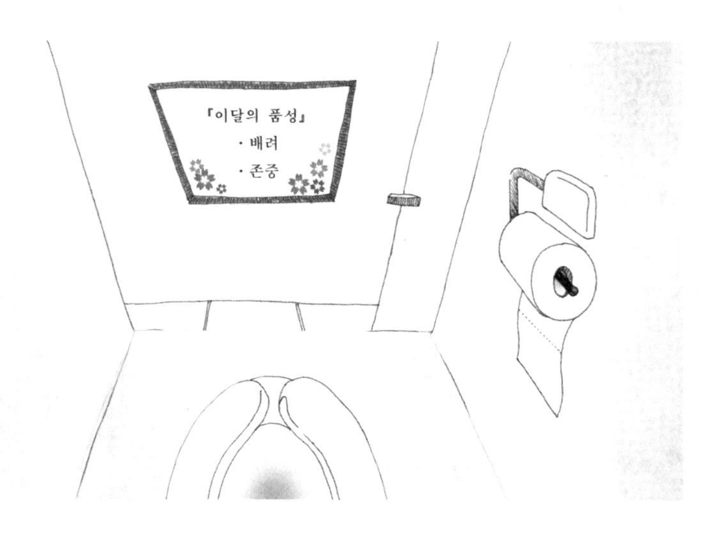
『이달의 품성』
· 배려
· 존중

품성을 이런 방식으로 '캠페인'한다는 것을 보여주고 있었다. 선정된 단어 자체도 새로웠다. 공감, 경청, 소통, 배려 등의 일반적인 인성목록에서 한 번 더 섬세하게 들어갔을 때 나오는 목록이라는 생각이 들었다.

인성을 나타내는 단어의 정의를 내린다는 것은 '사전적 정의'를 말하는 것이 아니다. 결과적으로 그 인성이 마음에 품어지고, 삶의 현장으로 구체적인 실천으로 나타나기 위해 '무엇을' 하며 '어떻게' 하는지, '순서'와 '방법'이 담겨 있는 것이어야 한다. 그러나 너무 세부적인 행동양식을 담자는 것은 아니다.

자꾸 하다 보면 실력도 늘어난다

이런 인성 중심의 사고를 바탕으로 새로운 의미들을 만들어내려면, 일상에서 특별한 하나의 태도를 연습해야 할 것이다. 바로 '관찰'이다. 단순히 '쳐다보는 관찰'이 아니다. 정말 잘 '경청'하는 사람들의 눈빛, 언어, 자세, 태도, 습관 등을 관찰하는 것이다. 그런 사람을 찾아 관찰하라는 게 아니라 주변을 유심히 바라보는 습관이 필요하다. 그러고 보니, 관찰을 잘하려면 일상에서 주변에 대한 '관심'을 가져야 하고, 그렇게 해서 '관찰'을 하게 되면, 어떤 섬세함에 대한 '통찰'에 접근하게 된다.

관심 + 관찰 = 통찰

앞선 풀이에 의하면, 경청한다는 것은 '나의 모든 것'을 집중하는 것이다. 단순히 귀를 열고 듣는다는 사전적 개념이 아니라, 가용한 모든 신체적 반응과 내적 마음가짐을 모아 상대방에게 집중한다는 것이다. 그런데 이렇게 반응을 해서 무엇을 해야 하는가. 상대방이나 현재 업무에 그 가치를 보여주는 단계까지 가야 한다는 것이다. 이것이 '경청'이라는 것이다.

인성 단어에 어떤 정의를 내릴 때, 이런 접근법은 기존의 의미 중 일부를 가져오고, 거기에 새로운 관찰과 통찰을 덧입히는 방식이다. 그러나 읽는 이가 도저히 이해 못할 '이질감'을 느껴서는 안 된다.

직접적인 조언을 주려 한다. 언어적으로 문장을 만들 때는 그렇게 관찰한 사람들의 특징을 넣으면 된다. 믿음직한 사람들은 어떤 특징이 있을까. 무엇을 맡겨도 신뢰가 간다. 도대체 무엇 때문에 신뢰가 갈까. 어떻게 해서든 주어진 것을 끝까지 완수하기 때문이다. 일이 쉬워서일까. 그렇지 않다. 포기하지 않기 때문이다. 때로는 희생을 감수한다. 그렇다면 그런 사람들은 모든 일에, 누가 시키든, 언제나 이렇게 살 수 있을까. 정말 이것이 가능한가. 그렇지 않다. 믿음직하다는 것이 완벽하다는 것은 아니다. 적어도 믿음직스러운 사람들을 보면, 자신이 하겠다고 동의하거나, 약속한 것에 대해 무한책임을 보인다. 관찰에 근거하여, 믿음직한 사람이 보이는 세 가지 특징을 정리해보자.

믿음직한 사람은,

자신이 동의하거나, 약속한 일에 대해서는 포기하지 않고,

때로는 희생을 감수하더라도

끝까지 그 일을 완수한다.

결국, 이 내용을 조합하여 문장을 만들어보면 정말 공감이 되는 의미가 탄생한다. 딱딱한 사전적 정의가 아니면서, 기존 의미의 상식적인 공감포인트를 가져오면서도, 약간의 창의적인 시선이 가미된 '인성 정의'가 탄생하는 것이다.

"믿음직함이란, 내가 하기로 동의한 것은 예기치 않은 희생을 각오해서라도 완수하는 것이다."

이런 방식은 고도의 절제미를 발휘해야 한다. 의미를 설명하기 위해, 일부러 다른 품성을 끌어와서 복합적으로 설명하는 일이 없고, 말의 군더더기도 없어야 한다.

다시 가볍게 복습해보자. 복습이라기보다는 떠올려본다. 거실에 액자 하나가 있는데, 맨 위에 단어 하나가 있고, 그 아래에 산뜻한 정의가 적혀 있다. 그리고 그 아래에 세분화되고 관련된 몇 개의 하위 인성이 보기 좋게 가운데 점으로 연결되어 있다. 그림 좋다. 그런데 혹 이런 디스플레이가 촌스럽다고 생각이 드는 사람은 없을까. 미적 감각이 떨어지는 필자의 과도한 자격지심일까. 그래도 좀 다른 방식의 '의미 시각화'는 없을까 고민해본 적이 있다.

의미를 디자인하다

당연한 거다. 이것을 의도했다. 그리고 기대하였다. 그래야만 한다. 얼마나 재미없겠는가. 나무 프레임 액자에 붓글씨 폰트로 단어와 의미가 적혀 있는 그런 '모양새' 말이다. 좀 과장된 표현이긴 하지만 진심은 그렇다. 기왕이면 예쁘고 아름답게 '아버지만의 스타일'을 추구하자. 내 집은 내 마음대로 해보자는 것이다.

인재상의 내용적인 부분이 어느 정도 해결되었다면, 포장에 대해, 디스플레이에 대해 생각하는 것은 당연하다. 그런데 여기서 거실의 인테리어 측면에서 인재상 액자를 어떻게 만들 것인가를 말하는 것은 나로서는 좀 부끄러운 일이다. 그 분야의 전문가가 아니기 때문이다. 인재상 의미에 디자인을 입힌다는 것이, 글자의 '폰트'와 출력용지의 '재질과 색상' 정도라면 여기서 말할 것은 더더욱 아닐 것이다.

의미를 디자인하는 것은 어떨까 생각해본다. 이 정도라면, 내가 얘기할 정도는 되지 않을까. 인성 단어를 선정하고, 그 단어의 정의를 예쁘게 만들었고, 하위 인성과 가정 문화 등 매우 기본적인 과정을 마쳤다. 사실 그다음부터는 '응용 단계'라고 보면 된다. 그런데 이 과정에 뭔가 색다른 느낌을 입히고 싶다면 즐거운 상상을 해볼 필요가 있다. 아니 필요 차원이 아니라 그럴 가치가 충분히 있다. 그래서 볼 때마다 예쁘고 또 보고 싶고, 마음에 새겨지기 좋은 그런 분위기를 연출해야 한다.

겸손 Humility

진정 용기 있는 사람만이 겸손할 수 있다.
겸손은 그를 낮추지 않고 오히려 세워준다.
- 브하그완 -

상상해 보자. 어느 집 거실에 액자 하나가 걸려 있다. 기존 액자와는 뭔가 다르다. 액자 프레임, 종이 색상, 글자 폰트의 하드웨어적인 차이가 아니다. 내용구성 자체가 좀 다르다. 단어가 있고, 영어가 함께 있는데, 이 자체도 깔끔하다. 그리고 아래에는 단어와 관련된 명언이 길지 않게 적혀 있다. 이런 그림이 더 세련되다고 느껴지는 아버지는 그 느낌을 따라 반응하면 된다.

앞에서 나는 다양한 의미풀이에 대해 도서와 자료를 기반으로 '샘플' 제시에 공을 들였다. 아버지들이 가정에서 적용하는 데 도움이 될 거라 생각했기 때문이다. 의미를 디자인하는 과정에도 도움을 주고 싶어, 예시를 들어보고자 한다.

『난쟁이 피터 이야기』 책에 부록으로 함께 들어있는 '드림카드'를 소개한다. 이 카드에는 40여 개 인성 단어에 대해, 앞에서는 영문과 함께 미술작품 수준의 그림이 그려져 있다. 그리고 뒷면에서 '명언'이 깔끔하게 박혀 있다. 카드 그 자체를 자녀들과 공유해도 될 정도로 예쁘고,

카드를 확대 칼라 출력해서 작은 액자에 바로 넣어도 예쁠 것 같다. 그 내용을 옮겨 본다. 어쩌면 인재상을 통한 인성교육이 아니라, 다른 대화의 소재와 그 어떤 다른 목적으로라도 이 내용이 풍성한 대화의 소재와 교육의 밑거름이 되었으면 한다.

- 끈기 Perseverance : 노력이 지워질 때조차 한 걸음 더 나아가도록 자신을 독려할 수 있는 사람이 승리한다. _로저 배니스터
- 기쁨 Joyfulness : 기쁨은 사물 안에 있지 않다. 그것은 우리 안에 있다. _리하르트 바그너
- 감사 Thankfulness : 가장 축복받는 사람이 되려면, 가장 감사하는 사람이 되어라. _캘빈 쿨리지
- 부지런함 Diligence : 게으름 속에는 영원한 절망만 있다. _칼라힐
- 이해 Understanding : 인생의 목적은 타인을 이해하는 데 있다. _괴테
- 배움 Learning : 배움을 소홀히 하는 자는 과거를 상실하고 미래도 없다. _에우리피데스
- 봉사 Service : 우리 가운데 진정 행복해지는 사람은, 봉사할 수 있는 방법을 찾아 행동에 옮기는 사람이다. _슈바이처
- 용서 Forgiveness : 용서처럼 완벽한 복수는 없다. _조지 빌링스
- 희망 Hope : 살아있는 한 희망은 있다. _키케로
- 배짱 Gut : 직관을 쓸 만한 배짱이 있다면 위험을 따라가라. 그 길을 따라가다 보면, 결실을 기다리는 인생이 있다. _조셉 캠벨
- 명예 Honor : 명예를 얻는 길은 정도를 행하는 데 있다. _프랜시스 베이컨

- 결심 Determination : 꿈을 이루겠다는 당신의 결심이 그 무엇보다 중요하다는 것을 항상 명심하라. _에이브러햄 링컨
- 몰입 Immersion : 승자가 되려면 가지고 있는 모든 것을 쏟아부어라. _작자 미상
- 친절 Kindness : 똑똑한 것보다 친절한 것이 낫다. _탈무드
- 용기 Courage : 용기가 있는 곳에 희망이 있다. _타키투스
- 일관성 Integrity : 끝을 맺기를 처음과 같이하면 실패가 없다. _노자
- 신념 Assertiveness : 세상은 자기가 갈 길을 아는 사람에게 길을 비켜준다. _찰스 킹슬리
- 인내 Patience : 많은 사람이 분명 실패할 것 같은 일에도 인내를 가지고 성공한다. _벤저민 디즈레일리
- 희생 Commitment : 자신을 희생하는 것만큼 행복한 일은 없다. _도스토옙스키
- 진실 Truthfulness : 진실 없는 삶은 있을 수 없다. 진실은 삶 그 자체다. _프란츠 카프카
- 도전 Challenge : 도전은 인생을 흥미롭게 만들며, 도전의 극복은 인생을 의미 있게 한다. _조슈아 마린
- 신뢰 Trust : 신뢰 없이 삶을 견뎌내기란 불가능하다. 그것은 자신이라는 최악의 감옥에 갇히는 것이다. _헨리 그린
- 평정심 Peacefulness : 내가 바꿀 수 없는 것을 받아들이는 평정심은, 바꿀 수 있는 것을 바꾸는 용기가 필요하다. _작자미상
- 자신감 Confidence : 할 수 있다고 믿는 사람은 그렇게 되고, 할 수 없다고 믿는 사람 역시 그렇게 된다. _샤를 드골

- 사랑 Love : 사랑하는 것은 천국을 살짝 엿보는 일이다. _카렌 선드
- 존중 Respect : 당신의 노력을 존중하라. 당신 자신을 존중하라. 자존감은 자제력을 낳는다. 이것들을 겸비하면 진정한 힘을 갖는다. _클린트 이스트우드
- 융통성 Flexibility : 나는 완벽한 것보다 융통성 있는 악덕을 더 사랑한다. _몰리에르
- 온화함 Gentleness : 약자가 강자를 이기고, 온화함이 강인함을 이긴다. _작자 미상
- 정직 Honesty : 정직한 사람은 신이 창조한 가장 고귀한 작품이다. _주베르
- 신중함 Thoughtfulness : 생각이 신중하고 두터운 사람은, 봄바람이 만물을 따뜻하게 기르는 것과 같아서 모든 것이 그를 만나면 살아난다. _채근담
- 중용 Moderation : 인생에서 중요한 법칙은 만사에 중용을 지키는 것이다. _테렌티우스
- 행복 Happiness : 진정한 행복은 목적을 위해 몰입하는 데서 온다. _윌리엄 쿠퍼
- 탁월함 Excellence : 완벽함이 아니라, 탁월함을 얻기 위해 힘쓰라. _H. 잭슨 브라운 주니어
- 우정 Friendliness : 우정은 사랑이나 지성보다 귀하고, 나를 행복하게 해준다. _헤르만 헤세
- 꿈 Dream : 꿈을 계속 간직하고 있으면 반드시 실현할 때가 온다. _괴테

- 도움 Helpfulness : 베풀되 베푼다는 생각조차 하지 마라. _불경
- 목적 Purposefulness : 극복할 장애와 성취할 목적이 없다면, 우리는 인생에서 진정한 만족이나 행복을 찾을 수 없다. _맥스웰 몰츠
- 청결 Cleanliness : 마음이 청결한 사람은 행복하다. _장기려
- 열정 Enthusiasm : 성공의 크기는 열정의 깊이가 좌우한다. _피터 데이비스
- 관대함 Generosity : 성실함의 잣대로 자신을 스스로 평가하라. 그리고 관대함의 잣대로 남들을 평가하라. _존 미첼 메이슨
- 관용 Tolerance : 나는 당신의 의견에 반대하지만, 당신이 그렇게 말할 수 있는 권리를 지켜주기 위해서는 목숨도 내놓을 수 있다. _볼테르
- 자율 Self-discipline : 인간 최대의 승리는 나 자신을 이기는 것이다. _플라톤
- 배려 Caring : 예의와 타인에 대한 배려는 동전을 투자해 지폐를 돌려받는 것과 같다. _토머스 소웰
- 정의 Justice : 진실은 반드시 따르는 자가 있고, 정의는 반드시 이루는 날이 온다. _안창호
- 협력 Cooperation : 우리는 자신만을 위해 살 수 없다. 천 개의 가닥으로 다른 사람과 연결되어 있기 때문이다. _허먼 멜빌
- 창조 Creativity : 상상력은 창조력의 시작이다. 바라는 것을 상상하고 상상한 것을 의도하고 마침내 의도한 것을 창조한다. _버나드 쇼
- 책임감 Responsibility : 무슨 일이 일어나더라도 책임은 자신에게 있다는 것을 명심하라. _앤서니 로빈스

- 믿음 Reliability : 나 자신을 믿어라. 자신의 능력을 믿어라. 능력에 대한 겸손하면서도 정당한 자신감 없이는 성공도 행복도 이룰 수 없다. _노먼 필
- 통찰 Insightfulness : 세상에 가장 딱한 사람은, 눈은 보이나 통찰력이 없는 사람이다. _헬렌 켈러

명언이 아니라 그 인성을 갖춘 위인의 사진을 붙이면 어떨까. 아예 '액자교육'이라는 새로운 가정교육의 패러다임을 만들어보는 것은 어떨까. 거실 중앙에는 전형적인 인재상 타입을 걸어 놓고, 아이들의 방에는 인재상과 관련된 명언과 그 인재상을 갖춘 역사 속 위인의 사진을 함께 작은 액자에 표현한다. 부엌에는 그 인재상의 특징을 상징하는 이미지 액자를 붙여둔다. 얼마든지 가정의 특성에 따라, 아버지의 소신에 따라 마음껏 누려볼 수 있다. 의미시각화가 명확할수록, 아버지의 구구절절한 설명은 사라진다. 이것은 아버지를 위한 것이다.

혹 이런 반론도 있을 수 있다. 꼭 이런 하드웨어를 만들어야 하나? 반론을 수용한다. 다른 방식이 있다면, 더 좋은 방법이 있다면 꼭 그렇게 해보면 좋겠다. 그리고 주변과 공유하고, 내게도 알려주면 좋겠다. 현재로써는 가장 유치한 방법이, 가장 눈에 띄는 방법이, 비록 유치해 보이고 번거로워 보여도 가장 나은 것이라고 생각이 들었을 뿐이다.

인재상을 심어주는 또 다른 상징

우리 집 아이들의 침실 문 손잡이 위 중앙에는 특별한 액자가 하나 붙어 있다. 바로 '나무오리(Wood duck)' 액자이다. 생뚱맞게 '나무오리'는 무엇일까. 조류 중에 특정 새 이름이다. '순종'의 성품을 설명할 때 종종 예를 드는 것이 바로 '나무오리'이다.

나무오리의 훈육방식은 독특하다. 대개 나무오리의 둥지는 지면으로부터 40피트 정도 높이에 있다. 먼저 어미가 둥지에서 뛰어내린다. 이후 아래에서 어미가 신호를 보내면 나무오리의 새끼는 40피트 아래로 뛰어내려야 한다. 이때 새끼오리가 즉각적인 순종을 하지 않으면 근처에 있는 포식동물의 먹이가 될 수도 있다. '나무오리'의 영문 Wood duck으로 구글 검색을 하다보면, 다양한 흥미로운 외국 자료를 만날 수 있다. 자세히 읽다 보니, 나무오리 어미는 이러한 훈련을 위해, 처음 둥지를 틀 나무를 결정하는 과정에서 나무 바닥에 부드러운 이끼가 많은 곳을 고른다고 한다. 새끼가 어미의 명령에 '순종'할 때 다치지 않도록 미리 '배려'하는 것이다. 액자에는 어미가 아래에서 신호를 보내자, 뛰어내리려고 준비하는 어린 새끼 나무오리의 모습이 보인다.

아이들 방에 '나무오리' 사진으로 액자를 만들어 붙여놓은 이유는 가정 인재상이 '배려'와 '감사'인 것에서 기인한다. 나무오리새끼가 어미의 말에 전적으로 순종하여 생애 최초 낙하를 할 때, 이는 맹목적인 복종이 아니라 신뢰에 근거한 순종이다. 이러한 순종은 나무오리 어미

가 새끼들이 다치지 않도록 미리 철저하게 준비한 '배려'로 완성된다.

아이들 방에 이 액자를 걸어놓은 것은 아이들이 아버지에게 순종하라고 붙여놓은 게 아니라, 아버지인 내가 아이들 방을 드나들 때마다 보려고 붙인 것이다. 하지만 언젠가 자녀들이 이것의 의미를 더 자세히 궁금해하고, 아버지에게 물어올 것을 기대하는 마음도 담아두고 있다.

어떻게 이런 상징물을 찾을 수 있을까? 이미 우리는 수많은 상징을 이미 배우고 경험해 왔다. 어떤 상징은 보편적이고 일반적이지만, 때로 어떤 상징은 매우 주관적인 의미부여가 가능하다. 예를 들어, '연어' 사진을 붙여 놓았을 때 이때 우리는 이미 알고 있는 연어의 회귀본능과 물살을 거슬러 올라가는 에너지를 이해한다. 물론 이것에 대해 우리가 의미를 부여하는 것은 개인적 접근이 가능하다. 산란과 종족 보존을 위한 선택과 행동, 기나긴 여정을 생각하며 수많은 인성의 가치를 부여할 수 있다.

연어의 회귀

선택 + 용기 + 성실 + 책임감 + 집중 + 끈기

이런 방식으로 상징물을 찾고, 의미를 부여하여 가정의 인재상과 인성교육에 연결 짓는다면, 교육은 분명 유연해지고 풍성해질 것이다. 이런 방식의 교육은 자녀들이 자연과 환경, 그리고 자신을 둘러싼 주변의 모든 것을 민감하게 관찰하고, 의미와 가치를 찾아내는 감성을 키워줄 수 있다. 특히 동물, 식물 등의 자연물이 상징물로는 접근이 쉽고, 자녀들에게 설명하기에도 친밀감이 높다. 동물도감을 보고, 자연다큐멘터리를 보고, 혹은 동화책에서 찾아낼 수도 있다.

어느 고3 수험생이 쓴 자소서를 읽어본 적이 있다. 대부분의 자소서가 나름의 공통기준과 표본을 통해 구성되기 때문에, 어떤 프레임이 존재하고 그 속에 각기 스토리를 입히는 방식이다. 그런데 그 수험생의 자소서는 그 어디에서도 본 적이 없는 독특한 내용이었다. 교사가 되겠다는 그 학생의 자소서에는 가정의 인재상으로 '무궁화 인재상'이 담겨 있다. 내용을 일부 소개해본다. 학생은 교사를 꿈꾸는 사람으로서 자신의 미래 '교사상'을 무궁화라는 상징물을 통해 풀어내고 있다.

> 첫째, 제가 생각하는 교사는 '기다림'의 존재입니다. 보통 꽃들이 주로 봄과 여름에 활짝 피었다가 집니다. 무궁화는 그런 만발한 꽃의 계절을 숨죽이며 조용히 기다립니다. 그리고 꽃들이 지고 사라진 7월 이후에 홀로 꽃을 피웁니다. 그런 기다림의 덕목이 저에게 깊은 울림을 주었습니다. 저는 기다리는 것에 자신이 있습니다. (중간생략) 'Late Blooming' 늦게 피는

꽃이 있음을 알기에 아이들의 잠재력을 믿고 기다리며 섬세하게 살펴서, 꽃을 피우게 도와주는 교사를 꿈꿉니다.

둘째, 교사는 '일깨움'의 존재입니다. 여기에서 일깨움은 과거에 매이지 않고, 변화를 만들어내는 특징을 말합니다. 무궁화는 100일 정도 꽃을 피우는데, 놀라운 것은 매일 아침에 꽃봉오리를 틔우고 그날 오후 가장 화려하게 꽃잎을 피우다가, 밤이 되면 아름답게 핀 상태 그대로 땅에 떨어집니다. 아침이 되면 다시 새 꽃을 피웁니다. 모르는 사람이 보면 같은 꽃잎이 계속 피어있는 것 같지만, 사실은 늘 새로 피운 꽃입니다. 같은 교사이지만, 매너리즘과 동일한 방식에 매몰되는 교사가 있고, 초심을 잃지 않고 끊임없이 자신을 일깨우며 변화를 만들어가는 교사가 있습니다.
변화를 추구하는 교사는 무궁화처럼 본질에 충실하고, 한결같은 특징이 있습니다. 자신은 끊임없이 새로운 지식과 에너지로 충만하지만 정작 아이들은 선생님을 통해 일관된 태도와 미소를 보게 될 것입니다. 초심과 본질에 강하면서도 변화를 일깨우는 교사가 되기 위해 제가 가꾸어온 습관은 바로 중학교 때부터 지속해온 '플래너 사용과 학습일기'입니다. 학교생활을 통해 배우고 깨달은 점을 기록하고, 반성하며, 개선하는 습관을 연습해 왔습니다. 이러한 일깨움의 습관을 교사가 된 이후에도 꼭 지켜갈 것입니다.

셋째, 교사는 '내어줌'의 존재입니다. 자신의 모든 것을 아이들을 위해 내어주고 헌신하는 존재를 말합니다. 제가 가장 감격한 무궁화의 특징이 있는데, 피어있는 동안은 공기를 정화하는 기능이 있고, 잎은 나물이나 죽으로 끓여 먹기도 합니다. 또한, 전체를 약재로 사용하기도 합니다. 자신의 전 존재를 사람들을 위해 아낌없이 내어주는 무궁화의 모습이야말로 초등교사의 자세라고 생각합니다. 특히 무궁화는 향기가 없는 꽃이며 화려하지도 않지만, 묵묵히 자신의 책임을 다하는 꽃입니다. 그래서 저는 무궁화가 좋습니다. 저 역시 무대 위 주인공이 아니라 무대 한켠 배경이 되거나, 무대 뒤 조연에 적합한 성격입니다. (중략) 화려하지 않지만, 묵묵히 아이들을 위해 성실하고 일관되게 자신을 내어주는 무궁화 같은 교사가 되고 싶습니다.

눈길을 끌고 마음을 잡아매는 글이 아닐 수 없다. 나라의 꽃이지만, 보통의 청소년들은 그 의미를 알지 못하고 지나친다. 하지만 이 학생은 아버지를 통해 무궁화축제를 다녀오고, 자세한 이야기를 들었다. 이후, 그 의미를 마음에 새긴 것이다. 그 새겨진 의미가 성장하는 과정에서 이 학생에게 자신의 미래를 담아낼 만한 성품의 그릇이 되어주었다.

이처럼 일반적으로 알려진 상징에 여러 의미를 부여할 수 있는 방법이 있는가 하면, 주관적인 상징을 찾을 수도 있다. 어릴 적부터 키워온 반려동물, 추억과 스토리가 담긴 기념물, 부모님께 받은 선물, 그림, 음악, 종이 한 장에 기록했던 작은 흔적 한 조각 등 지극히 개인적인 상징을 가정의 인재상을 각인시키고 확장하는 장치로 사용할 수도 있다.

이 학생이 자신의 '인재상'을 미래의 '교사상'이라는 '직업상'과 연결한 작업은 인재상교육의 취지를 정확하게 이해한 결과이다. 그는 '교사'를 양성하는 대학의 인재상도 충분히 이해하고 있다. 이렇듯 인재상은 미래의 직업상, 혹은 그 분야의 인재상, 또는 그런 인재를 준비시키는 대학의 인재상과 연결할 때, '목적 중심의 인재상 교육'도 충분히 가능하다.

분야마다 인재상의 색깔이 있다

가정에서 키우는 인재상은 미래 자신이 살아야 할 세상과 직면할 때 매우 중요한 연결점을 갖는다. 기업인재상의 주요키워드를 살펴보면 그 이유를 알 수 있다. 대한상공회의소가 밝힌 100대 기업의 핵심인재상은 다음과 같다.

> "창의성, 전문성, 도전정신, 도덕성, 팀워크, 글로벌 역량, 열정, 주인의식, 실행력"

인재상의 항목에 따라 어떤 것은 대학공부와 이후 입사를 준비하는 과정에 몰입을 통해 준비할 수 있는 것이 있다. 그러나 진짜 '이것을 갖춘 인재'의 근간은 어린 시절부터 차곡차곡 내면에 쌓여서 성장하는 것이다.

기업에서는 스펙보다 인재상을 통해 인재를 선발하는 문화가 전반적인 기본구조가 되어 버린 것은 이미 오래 전 이야기이다. 기업의 인재 선발관은 이러한 인재상을 평가하는 방법으로 면접과 자소서를 가장 많이 활용한다. 시대의 변화에 따라 현재는 그러한 인재상에 기초하여 '직무 관련된 경험'을 추가로 검증하는 것에 초점을 맞추고 있다.

"우리 기업의 인재상에 자신이 부합하는 것을 증명해 보이세요."

어떻게 해야 하는가. 자신이 창의적인 사람이라는 것을 어떻게 설명해야 하는가. 바로 이 지점이 중요하다. 인재상의 어떤 주제를 증명하는 것의 가장 첫 출발은 그 인재상의 정의를 이해하는 것, 그리고 그 인재상과 연관된 하위항목 또는 유사 인재상을 이해하는 것이다. 그래야 그것을 '과정적, 경험적, 생애적'으로 어떻게 갖춰 왔는지 설명이 가능해진다. 이러한 진행방식은 우리가 앞서 열심히 학습하였던 '가정의 인재상 수립'의 과정과 일치한다. 가정에서부터 인재상교육으로 성장한 사람이 바로 시대의 인재상, 분야의 인재상으로 성장하고, 준비되며, 이를 증명하는 데에도 최적화되는 것이다. 기업인재상의 핵심 항목의 세부 요소를 알아보자.

창의성 : 창조, 인식전환, 상상력, 가치창출, 새로운 아이디어 등

전문성 : 전문지식, 전문기술, 자기계발, 프로정신, 핵심역량 등

도전정신 : 진취, 적극, 신념, 의지, 긍정적 사고, 위험감수 등

도덕성 : 정직, 인간미, 신뢰, 매너, 직업윤리, 투명성, 기본 충실 등

팀워크 : 상호협력, 배려, 공유, 화합, 상호존중, 조직 마인드 등

글로벌 역량 : 외국어, 개방성, 문화적 이해, 국제감각 등

열정 : 승부 근성, 몰입, 끈기, 최선, 강한 의지, 기업가정신 등

주인의식 : 오너십, 책임의식, 자율, 리더십, 사명감, 솔선수범 등

실행력 : 행동 우선, 추진력, 실천, 실천적 성취 등

– 출처. 대한상공회의소

인재상별 핵심요건의 목록을 보니, 아버지들이 가정의 인재상 선정을 위해 찾아 나선 인성의 항목들과 상당수 겹친다. 매우 전문적인 기업 가치를 제외한다면, 많은 부분이 동일한 인성의 항목이다. 따라서 가정의 인재상은 미래의 인재상에 대비하는 최적의 교육방법이 될 수 있다는 점을 확신한다. 더욱이 인재상으로서의 인성의 특성상, 단번에 형성되는 것이 아니라, 과정적이고 경험적이며 생애적으로 축적되는 것이기에 더더욱 우리 아버지들은 확신을 가질 필요가 있다. 그리고 혹시 자녀가 성장하면서 어떤 분야를 선호하고, 진로를 그 분야로 정한다면, 위의 인재상이 분야별로 어떻게 더 강조되는지 시대적으로 어떻게 우선순위가 바뀌는지 추이를 지켜볼 필요가 있다.

스마트폰 산업을 포함한 제조업의 경우는 도전정신, 전문성, 창의성이 주요 인재상이다. 금융보험업은 핀테크와 같은 기술변화에 따라 전문성을 갖춘 인재가 선호된다. 도소매업은 과거에는 전문성과 도전정신이 상위항목이었으나, 이후에는 주인의식이 상위 인재상에 있다. 분야별로 각기 선호되는 인재상이 있다는 것을 기억하는 그 자체가 중요하다. 순위를 외우는 것은 소용이 없다. 순위의 추이를 보는 것은 의미가 있다. '시대의 변화' 때문이다.

100대 기업의 인재상 변화를 시대변화에 따라 살펴보면, 2008년에는 1순위가 창의성, 2순위가 전문성, 3순위가 도전정신, 4순위가 도덕

성, 5순위가 팀워크, 그다음 순위로 글로벌 역량, 열정, 주인의식, 실행력 순이었다. 그런데 2013년 분석 자료에는 1순위가 도전정신, 2순위가 주인의식, 3순위가 전문성, 4순위가 창의성, 5순위가 도덕성, 이후로 열정, 팀워크, 글로벌 역량, 실행력 순으로 일부 순서가 바뀐 것을 알 수 있다.

장기적인 경기침체 및 경제상황의 어려움이 지속하자, 낮은 순위에 있던 주인의식이 상위로 올라오고, 도전정신 또한 중요한 인재상으로 자리매김하였다. 그리고 2016년에는 책임감에 기초한 주인의식과 열정 등이 상위에 자리를 잡았다. 시대별 인재상의 추이, 분야별 인재상의 추이 등 중요한 관찰 포인트이고, 각 인재상에 따른 세부항목과 직무 관련 경험 등이 우리 자녀들이 준비해야 할 핵심요소임을 기억하자. 현재 가정에서의 인재상 교육을 시작하는 것은 바로 시대의 인재로 키우는 첫걸음임을 다시 한번 강조한다.

한편, 시대의 인재상, 기업의 인재상, 분야별 인재상이 지금 가정의 인재상 교육과 관련이 있다면, 아이의 적성과 진로를 더 유심히 관찰하여 인재상 교육을 하는 것도 의미 있는 시도가 될 것이다. 아울러 이 시대는 일반 기업보다 공무원과 공직을 꿈꾸는 사람들이 더 많은데, 공직에 맞춘 인재상은 무엇일까 궁금해진다.

청소년들의 꿈 1위는 공무원인데

왜곡된 측면을 먼저 이야기하지 않을 수 없다. 대기업 사원이 되려고 하는 노력보다, 공무원이 되려고 하는 인원이 많아진 이 시대는 '공직을 통해 국민을 섬기고, 나라의 리더십을 세우겠다'는 목적이 아니라, '안정성'이라는 키워드가 목적이 되어 버린 세태임을 아프게 인정한다. 그래도 포기할 수는 없다. 여전히 국가와 국민을 위한 '섬김이'로서의 공직을 꿈꾸는 소수가 존재한다고 믿는다. 정의롭고, 공평하고, 공정한 세상을 꿈꾸며 차별과 편견 없는 세상을 만들겠다며 정치 리더십을 꿈꾸는 다음 세대가 있을 거라고 믿는다. 그렇다면 기업의 인재상과는 다른 공직에서의 인재상은 무엇일까.

'인사비전 2045'에서 기술발달로 인해 미래의 공직사회는 개인희망에 따라 정규직, 임기제, 시간제 공무원으로 자유롭게 이동 가능한 자유공무원제로 변할 것이라는 전망을 내놓았다. 또한, 미래의 공직사회는 인공지능과 로봇, 기계가 대신할 수 없는 인재상을 갖추어야 한다고 전망하였다.

창의력 × 감수성 × 유연성 × 사색능력 = 르네상스형 인재상

그런데 여기서 우리는 아주 먼 미래 말고, 우리의 자녀가 성장해서 리더로 살아갈 정도의 가까운 미래까지를 솔직하게 떠올려 보아야 한다. 보통 우리는 어떤 방법으로 가까운 미래를 예측하는가. 미래학자

존 나이스비트는 미래를 예측하는 방법으로 할 수 있는 가장 중요한 예측 기법과 모델로서 '현재의 신문 분석'을 이야기하였다. 경영학의 아버지 피터 드러커 역시 '관찰자'의 역할을 강조하였다. 드러커는 '현재는 이미 이루어진 미래'라고 말하였다. 지금 현재 공직사회의 리더십을 선발하는 진짜 인재상이 무엇인지 아는 것은 우리 자녀가 살아갈 시대의 리더십을 예측하는 데에 도움이 된다.

대한민국의 공직 리더십 중에 대통령을 제외하고, 그다음으로 가장 높은 직급을 선출하는 마지막 검증 단계는 '인사청문회'이다. 그렇다면 우리는 인사청문회에서 가장 치열하게 검증하는 항목을 알 수 있다면 그것이 곧 '인재상'라고 생각할 가능성은 충분하다.

"도덕성!"

인상청문회를 통해 검증하는 최고의 인재상 항목은 바로 '도덕성'이다. 솔직히 말하면, 인사청문회를 통해 '도덕성'을 갖춘 인물을 선발하는 게 아니라, '도덕성'을 갖추지 않은 사람을 떨어뜨리는 게 더 정확한 표현이다. 이미 그 자리에 앉아 있는 그 자체만 보자면, 나머지 스펙은 이미 통과된 것이다. 인사청문회 좌석에 앉기 전까지는 세상 부럽지 않게 존경을 받으며 평생의 위업을 달성해 온 사람이, 그 자리에 나와 망신을 당하고 평생의 업적을 한순간에 말아먹은 장면을 우리는 너무나 많이 오랫동안 생중계로 보았다. 인생 전체가 도덕적으로 엉망인 사람은 별로 못 보았다. 적어도 그 자리에 나와 앉아 있는 사람이 청문회를 통과하지 못한 이유는 대부분 인생의 어느 시기 사소한 선택과 의사결정 등이 불거진 경우가 많았다. 자녀 학군을 위해 전입을 했거나, 살지 않으면서 농경지를 사서 쌀 직불금을 받았거나, 자녀가 군대에 가지 않았거나, 특정 시기에 세금을 조금 덜 냈거나 등이다. 이쯤 되면, 도덕성이라는 요소는 리더로 준비되는 데에 매우 중요한 요소라는 점을 확인한 셈이다.

그렇다면 이 도덕성은 도대체 언제부터 자녀에게 심어주어야 인생의 중요한 순간에 '바른 판단'을 내릴 수 있을까? 도덕성과 관련된 정직, 정의, 공평, 성실 등의 다양한 인성 요소들은 언제부터 자녀에게 심어야 성장과 함께 도덕성 성숙을 이룰 수 있을까?

도덕성은 다른 인성보다 서두르자

좋아하는 책 중에 『아무도 보는 이 없을 때 나는 누구인가』가 있다. 하지만 책 내용 자체는 나 자신을 불편하게 만든다. 왜냐하면, 상대적인 시선으로 살아가려는 본성을 거스르게 하기 때문이다. '저 사람들보다는 나아', '저들 같지는 않아', '이 정도면 양반이야'라고 자신을 합리화시키려는 나 자신과의 싸움을 부추기는 책이다.

도덕성은 다른 인성 항목들과 '결'을 달리한다. 가장 오래 걸리고, 가장 어려운 교육이다. 그런데 가장 소홀히 여긴다. 그러다가 결정적인 순간에는 가장 무서운 잣대로 작용하는 게 '도덕성'이다. 그래서 개념 있는 아버지들은 자녀교육에서 이 도덕성을 매우 중요하게 생각한다. 그러기에 고민이 많다.

도덕성 교육이 가장 어려운 이유는 '부모 자신의 도덕성'과 끊임없이 연동되기 때문이다. 다른 인성보다 더욱 부모의 모습을 보고 영향을 받는 항목이기도 하다. 왜냐하면, 가장 일상적인 삶에서 자연스럽게 스며들기 때문이다. 어떤 교육활동이나 계획된 경험보다는 일상에서 부모와 함께 생활하면서 자연스럽게 부모의 도덕성을 보고 몸으로 배우고 익히는 것이기 때문이다. 그래서 성품교육은 가정교육이 전부라고 말하곤 한다. 그러나 도덕성 역시 부모가 선택하는 인재상 중의 하나이다. 하지만 도덕성에 대해 인지조차 하지 않는 부모가 많다. 인지는 하지만, 여러 인재상 중에 도덕성을 선택하는 않는 부모도 있다. 혹시 이런 이유는 아닐까.

"사람이 좀 융통성이 있어야지. 너무 도덕적이면 답답해."

이렇게 적극적으로 도덕성을 배제하는 경우가 많지는 않을 것이다. 적극적인 부정은 많지 않지만, 사실 도덕성은 적극적인 선택을 않는 순간, '도덕성 교육'을 하지 않겠다고 '선택'한 것과 마찬가지라고 말하고 싶다. 의도하지 않는 순간, 우리의 본성은 자연스럽게 도덕성과 거리가 먼 '합리적, 현실적, 유연한 선택'을 하게 된다. 다시 말해, 독한 마음으로 작정하고, 원칙을 정하며 함께 지키는 문화에 노출되지 않는 한 도덕성은 희미해진다는 것이다.

현존하는 세계 최고 건축물 중의 하나인 '파르테논신전'을 건축할 때 있었던 일이다. 우리가 익히 아는 이야기이다. 신전을 지으며 지붕 공사를 하는 과정에 업자들은 공사비를 절약하고자 했다. 지붕 공사는 대충 하자는 것이다. 하늘 위에서 지붕을 보는 시대가 아니기에, 지붕

만큼은 크게 신경을 쓰지 않아도 되기 때문이었다. 그러나 단 한 사람이 이를 반대하였다. 지붕공사도 소홀히 해서는 안 된다고 원칙을 고수하였기 때문이다. 반대한 이유는 오직 한 가지였다.

"우리 눈에 안 보이지만, 신이 보고 있지 않은가!"

그 한마디에 다른 사람들의 시야도 트인 것이다. 나 자신만을 보던 시야에서, 상대방을 보는 시야로 확장되고, 자신의 내면의 소리를 들을 수 있는 공감각적 시야를 지나, 절대자의 시야로 확장된다. 그래서 우리는 종교인들에게 가장 높은 도덕성을 요구하고, 종교인들이 사회적 잘못을 저질렀을 때 가장 크게 분노한다.

도덕성 교육에 있어서만큼은 아이들은 어른들의 축소판이다. 따라서 아이들의 도덕성 붕괴는 이유 여하를 막론하고 어른들의 책임이다. 도덕성 교육이 붕괴된 현실, 가정에서 학교에서 그리고 사회에서 일어나고 있는 수많은 도덕과 윤리 부재의 사건과 청소년 문제를 나열하지는 않을 것이다. 다만, 이를 극복하고 다시 도덕성 교육을 회복하기 위해 가정의 인재상 교육을 시작하자고 말한 것이다. 그리고 다른 그 어떤 인성교육보다 도덕성 교육을 가장 먼저 심어주어야 한다고 강조한다. 숙성되는 전체 구간이 매우 길고, 지름길이 없으므로 단계적으로 축적되는 특성 때문이다.

도덕성의 발달에 대해 시기별 체계화를 가장 잘 정리한 것은 콜버그의 6단계 이론이다. 도덕적 행동의 동기에 따라 처음 유아 시기에는 처벌이 무서워서 도덕적 행동을 하고, 좀 더 성장하면 보상을 받기 위해

"우리 눈에 안 보이지만, 신이 보고 있지 않은가!"

착한 행동을 한다. 초등학교 저학년부터는 타인의 시선을 의식하기 시작하여 부모님과 선생님의 칭찬을 받기 위해 착한 행동을 한다. 그다음 단계에서는 최초로 사회라는 구성체에서의 질서를 따라가기 시작한다. 이 시기는 보통 초등고학년이다. 규칙을 당연한 것으로 받아들인다. 초등고학년을 지나면서는 타인을 배려하는 차원에서 행동을 결정한다.

그리고 가장 높은 수준에 이르면 개인의 양심과 인간의 존엄에 따라 행동한다. 이를 전체적인 생애로 보자면, 인재상을 통한 가정교육의 구간과 비슷하다. 그렇다고 오해하지는 말자. 아주 어린 시기부터 도덕성 교육을 하지 않았기 때문에 그 이후에는 어느 시기에 시작해도 할 수 없다는 것은 아니다.

인간은 누구나 성찰이 가능한 존재이다. 충분히 이른 시기부터 축적된 교육이 없었다고 하더라도 도덕성 교육이 불가능한 것은 아니다. 때로는 특별한 사건, 특별한 만남, 예기치 못한 깨달음 등을 통해 자신의 행동을 반성하거나 행동을 돌이키는 경우도 있다.

도덕성은 시선을 내면으로 돌리게 한다

이경규의 '양심냉장고' 프로그램에서 잊지 못하는 한 장면이 있다. 새벽 한적한 도로에 차도 없고, 사람도 없는 그런 도로에 한 자동차가 정지 신호에 정지선에 정확하게 멈추었다. 카메라가 달려가고 차에서 내린 사람은 순박한 미소를 지으며 당황스러워하는 한 장애인이었다. 후일 그 주인공은 공익광고 모델로 발탁되었다고 한다.

아무도 보는 사람이 없을 때, 정지선에 차를 세운 것은 그 어떤 내면의 작용이 있었을까. 아니면 너무나 당연한 것으로 알고 살아온 것일까. 어쩌면 고결한 신념과 절대로 포기하지 않을 인생의 원칙, 이런 비장한 이유가 아니라, 정말 순수한 어린아이처럼 당연히 정지 신호에 자동차를 멈춰야 하는 것으로 알고 멈춘 것일지도 모른다. 당시 양심냉장고 몰래카메라 덕에 정지선 지키는 문화가 생겼다.

이러한 외부적인 자극, 인위적인 시도가 있을 때, 우리는 다시 마음을 다잡기도 한다. 『성경』에 이와 관련된 이야기가 실려 있다. 간음하다가 현장에서 잡혀 끌려온 여자가 있었다. 당시 유대인의 법에 따르면 그 여자는 '돌에 맞아 죽는 형벌'을 받아야 하는 상황이다. 하필 그 상황은 예수가 있던 곳에서 벌어진다. 더 정확히 표현하면, 예수가 있는 곳으로 그 여자를 데려온 것이다. 당시 그 장소에는 수많은 사람이 둘러 서 있었다. 그들의 손에는 크고 작은 돌이 하나씩 들려 있었다. 정말 던지려고 그랬을까. 그랬던 것 같다. 누가 호루라기라도 불면 바로 돌을 던질 상황에 예수는 짧게 한 문장을 말한다.

"너희 중에 죄 없는 자가 먼저 돌로 치라!"

이 말을 듣고 이상한 일이 벌어졌다. 노인, 어른으로부터 젊은 사람과 어린아이에 이르기까지 들고 있던 돌을 버리고 자리를 떠나기 시작한다. 그들의 마음속에는 어떤 변화가 일어난 것일까. 심리의 변화를 논리적으로 설명하기는 어렵다. 다만 한 가지는 추론해볼 수 있을 것 같다. 그들이 돌을 던지려고 했을 때, 그들 모두는 자신이 돌을 던질 자격이 있다고 생각했던 것 같다. '적어도 저 여자보다는 내가 낫다'는 생각이 있었고, 또한 '저 여자만큼의 큰 죄를 저지르지 않았다'고 생각한 것이다. 어쩌면 실제 그런 비슷한 죄를 저질렀지만, 걸리지는 않았고 아무도 모른다고 생각하는 이도 있었을 것이다. 한마디로 '상대주의적인 시각'으로 상황을 바라본 것이다.

그런데 예수의 이 한마디는 사람들로 하여금, 타인과 비교하지 않고 바로 자신의 모습과 내면 양심의 소리에 귀를 기울이게 하였다. 도덕성교육은 바로 이런 효과를 만들어낸다. 이러한 교육은 이른 시기부터 하는 것이 최적이나, 지금이라도 늦지 않았다. 하지만 무엇보다 도덕성교육이 자녀입장에서는 부모를 '바라봄'으로 형성되는 '생활교육'이기 때문에 부모 역시 도덕성교육을 함께 시작해야 한다.

여기서 반론이 하나 나올 수 있다. 도덕성, 윤리 등의 교육은 사실 사람이 성장하고 나이를 먹으면서 자연스럽게 이런저런 경험과 시행착오를 통해 배우는 것이 아닌가. 이를 인위적으로 그것도 가정에서 한다는 게 과연 될 것인가. 도덕성이야말로 인간의 본성이니 자연스럽게 생애성장에 맡기는 것이 낫지 않을까. 이런 의견이 나올 수도 있다. 이에 대한 설명으로 한 가지 실험을 소개하고자 한다. 마시멜로 실험이다.

"에이, 그거 다 아는 실험이잖아요. 그리고 앞에서 이미 이야기했잖아요!"

앞서 다루었던 마시멜로 실험 그다음 이야기를 소개하고자 한다. 마시멜로 첫 번째 실험은 눈앞의 마시멜로를 먹지 않고 15분을 참아내는 '자기조절력'의 실험이었다. 실험에서 마시멜로를 먹지 않고, 참았던 소수의 아이들은 이후 청소년기의 추적연구에서도 높은 학업성취를 보였다. 심지어 나중에는 '마시멜로 실험 아이들은 중년이 된 지금 어떻게 살고 있을까'를 추적하여 어린 시절의 자기조절력이 인생의 격차를 만들어냈다는 것을 발표하였다. 여기까지가 우리가 익히 아는 내용이다.

마시멜로 두 번째 이야기를 기억하자

네이버캐스트 '생활 속의 심리학'에 소개된 내용을 다시 살펴보자. 첫 번째 마시멜로 실험에서 자기조절력이 낮아, 마시멜로를 먹어버렸던 아이들의 어머니들 중 일부는 실험이 공정하지 않았다고 억울해하였다. 실험에 참여한 아이가 실험 전에 굶었다거나, 아이가 원래 마시멜로를 너무 좋아하는 아이였다는 논리를 폈다. 하지만 당시 실험의 공정성을 위해 실험 전 식사 여부 및 좋아하는 먹을거리의 선택요소 등을 모두 공정하게 조처를 하였다고 한다.

마시멜로 실험을 통해 자기조절력이 낮은 아이 부모들에게 실망을 주었던 미셸 박사팀은 그런 부모들에게 희망을 주는 후속 실험결과를 1989년에 발표했다. 두 번째 실험은 60년대 첫 번째 실험과 모든 것이 동일하였지만 몇 가지 차이점을 만들었다. 결정적인 차이점은 눈앞의 마시멜로 그릇 위에 뚜껑을 덮었다는 것이다. 놀라운 것은 뚜껑을 덮어 당장 눈앞에 안 보이게 했더니 아이들이 참고 기다린 시간이 거의 두 배가 길어졌다는 것이다. 뚜껑을 덮지 않았던 실험에서는 평균 6분 이하를 기다린 아이들이 뚜껑을 덮은 실험에서는 평균 11분 이상을 기다렸다.

여기서 주목할 점이 있다. 60년대 실험에서 끝까지 기다린 아이들 중 상당수는 특정한 행동을 보였다. 눈앞에 놓인 마시멜로를 보지 않으려고 손으로 눈을 가리거나, 자신의 머리카락으로 눈을 덮거나, 천장을 바라보는 등의 행동을 했다. 이를 80년대의 두 번째 실험과 연계해 본다면, 결국 마시멜로를 먹지 않고 기다릴 수 있었던 것은 스스로 마시멜로를 보지 않는 행동을 하거나, 혹은 부모가 그런 환경을 만들어주었을 때 가능하다는 점이다.

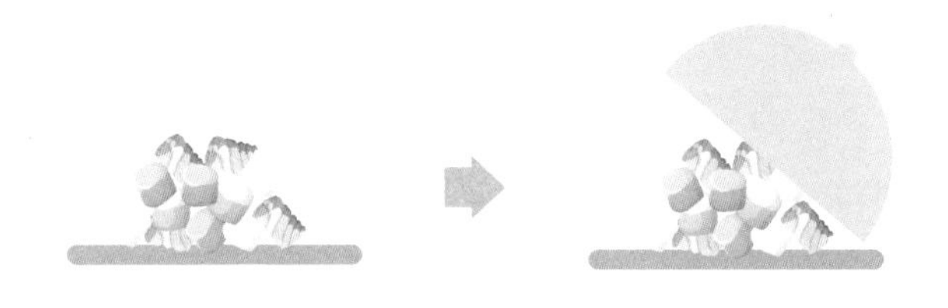

한편, 선생님이 돌아올 때까지 기다리는 동안 어떤 생각을 하는지가, 참고 견디는 시간에 영향을 미칠 것이라는 가정하에 아이들에게 세 종류의 지시를 했다. 재미있는 일을 생각하라는 지시받은 아이들, 생각하기에 관해서는 아무런 지시도 받지 않은 아이들, 그리고 기다린 다음 받게 될 두 개의 마시멜로를 생각하라는 지시를 받은 아이들이다. 재미있는 생각을 하도록 지시받은 아이들은 마시멜로가 눈에 보이건 보이지 않건 간에 큰 차이 없이 평균 13분 정도를 기다렸다. 아무런 지시를 듣지 않은 아이들은 고전적 마시멜로 실험결과를 보였다. 기다린 다음에 받게 될 보상인 두 개의 마시멜로를 생각하라고 한 아이들은 평균 4분 이하를 기다렸다. 만족지연력이 길게 나타난 학생들은 혼잣말하기, 노래하기, 손과 발을 사용해 놀기 등 스스로 만들어낸 재미있는 놀이를 했다.

여기서 우리는 부모로서 세 가지 적용점을 배우게 된다. 뚜껑을 덮어주는 역할을 해주어야 한다는 것, 그리고 잘못된 보상을 논하면서 참을 것을 강요하지 말아야 한다는 것이다. 또한, 아이들로 하여금 '참아야 할 어떤 것'에 집중하기보다는 '재미있는 다른 일'에 집중할 수 있도록 도움을 주어야 한다는 점이다. 인성교육 차원의 도덕성 교육은 다소 인위적인 느낌이 들더라도 부모가 먼저 의도를 가지고 시작하기를 권한다. 한 뼘이라도 더, 도덕성의 성장을 기대한다면 시작해야 한다.

뚜껑을 덮는 역할을 하기 위해서 한 가지를 더 추가하고자 한다. 바로 '신뢰'의 문제이다. 네이버캐스트 '생활 속의 심리학-마시멜로 실험 이야기'에는 마시멜로 세 번째 실험에 대한 글도 게재되어 있다. 심리학 잡지 코그니션(Cognition. 2012)에 록펠러 대학의 키드(C. Kidd)팀이 발표한 내용은 중요한 시사점을 준다.

3세에서 5세 사이의 아이들 28명에게 컵을 예쁘게 꾸미는 미술 작업을 할 것이라고 설명하고 크레용이 놓여 있는 책상에 앉게 했다. 그리고 조금만 기다리면 책상에 놓여 있는 크레용 외에 다른 꾸밈재료를 줄 터이니 기다리고 얘기했다. 몇 분 후 14명의 아이들에게는 새로운 미술 재료를 주었다. 이를 '신뢰환경'이라 한다. 다른 14명의 아이들에게는 재료가 있는 줄 알았는데 없다고 사과하며 약속했던 새로운 재료를 주지 않았다. 이는 비신뢰환경이다.

신뢰와 비신뢰를 경험한 각각의 아이들 모두에게 고전적인 마시멜로 실험을 진행하였다. 신뢰환경의 아이들은 평균 12분을 기다렸다. 신뢰환경의 14명 중 9명은 15분이 끝날 때까지 마시멜로를 먹지 않았다. 반면 비신뢰환경의 아이들은 평균 3분을 기다렸고 15분까지 기다린 아이는 단 한 명도 없었다. 선생님의 행동이 믿을 만하다는 경험을 한 아이들은, 선생님의 행동은 믿을 수 없다는 경험을 한 아이들보다 4배 이상의 시간을 참을 수 있었다.

어쩌면 비신뢰환경의 아이들이 이런 생각을 한 것은 아닐까.

'기다려봤자, 2개의 마시멜로는 없을지도 몰라. 그렇다면 뭐 하러 기다리겠어? 그냥 먹자.'

신뢰가 중요하다. 역사를 가로지르며 지속되어온 마시멜로 실험은 우리 부모들에게 말하고 있다. 15분도 못 기다리는 아이들은 평생 기다리지 못한다는 낙인을 찍는 대신에, 마시멜로 그릇에 뚜껑을 엎어 놓은 것만으로도 2배의 시간을 기다리게 하고, 부모가 약속을 지키는 경험만으로 4배 이상의 절제력을 가진 아이로 성장할 수 있다는 가능성에 집중하는 것이다. 인내력, 절제력, 통제력이 있는 아이 뒤에는 인내력, 절제력, 통제력을 발휘할 수 있도록 환경을 만들어준 어른, 그런 부모가 있었던 것이다.

할 게 너무나 많다. 신뢰도 쌓아야 하고, 그런 뒤에 마시멜로 뚜껑도 덮어주어야 한다. 도덕성교육을 시작하겠다고 생각을 하고 나면, 그럼 무엇을 어떻게 교육할 것인가에 대해 진짜 고민이 시작된다. 우리가 인재상교육을 위해 인성의 단어들을 구분하고 분류하기 시작하였던 것처럼 가장 먼저 우리를 혼동시키는 용어들을 정리할 필요가 생긴다. 도덕, 윤리, 법규, 규칙 등 어떻게 의미를 구분해야 할까.

도덕성으로 시작, 사회성까지 성장

도덕성 교육은 세상과 분리되어 산속으로 들어가 홀로 '청렴'의 경지에 이르는 것이 아니라 '사회'라는 시간과 공간에서 어떻게 관계하며 살아가야 하는지 '질서'를 훈련하는 것의 출발이다. 도덕성을 무조건 '정직'이라고만 생각하기보다는 '질서'라는 차원에서 고민을 시작하기를 권한다. 그래야 건강한 도덕성으로 시작되어 균형 잡힌 사회성으로 성장해갈 수 있기 때문이다. 아버지들의 강점은 무언가를 시작할 때 '결과이미지'를 떠올리고 그것을 위해 과정을 설계하는 것 아닌가.

'도덕성'에서 출발하여 '사회성'의 종착지까지

질서에 대해 먼저 생각해보자. 함께 살아가는 세상을 우리 아이는 어떤 단계로 이해하고 있을까. 모르는 일이다. 아이의 내면세계가 체계적으로 프로그래밍 되어 있지 않기 때문이다. 그래도 힌트는 있다. 학교에서 어떻게 '세상'을 이해하도록 돕고 있는지 살펴보면 된다. 교육과정이 '통합교육'으로 개편되면서 '가족'은 학교와 더불어 두 번째 교육의 장으로 떡 하니 자리를 잡아가고 있다.

교육과정은 아이들이 가장 건강하게 성장하는 것을 목표로 한다. 따라서 철두철미하게 설계된 목표를 향해 끊임없이 연구하고 변화를 반영하여 수정을 거듭한다. 이 과정에서 적용된 원리는 크게 두 가지이다. 이 두 가지를 아버지들이 알고, 가정에서 같은 맥락으로 자녀의 시야를 넓혀주기를 기대한다. 첫 번째 원리는 '단계와 수준'을 점차 높여간다는 것이다. 쉬운 것에서부터 높은 수준으로 조금씩 진행한다. 성장의 속도를 고려하고, 사용되는 어휘도 배려하며 최대한 친절하게 '속도'와 '단계'를 밟아간다. 이를 '나선형 원리'라고 한다. 두 번째 원리는 나 자신으로부터 시작해서 가족을 지나 마을, 지방, 국가 등 울타리의 크기를 조금씩 확장해 간다는 것이다. 시야를 넓히는 과정이라고 보면 된다. 이를 '환경 확대의 원리'라고 한다.

환경 확대의 원리를 이해하였다면, 자녀에게 작은 울타리부터 함께 경험하면서 점차 그 시야를 넓혀주면서 가는 것을 생각해야 한다. 그런데 이러한 원리를 이해하고 나서 보니, 우리가 앞서 다루었던 인성의 분류가 연결된다.

우리 아버지들이 꿈꾸는 자녀 인재상의 완성은 3가지 균형모델이다. 자신을 사랑하고, 상대방을 이해하며, 사회와 함께 가는 인재로 키우는 것이다. 인성의 어휘들을 분류했을 때, 이 세 가지 안에 모두 들어간다고 했다. 그렇다면 사회성까지 염두에 둔 도덕성 교육은 인성교육의 맥락에서 크게 벗어나지 않는다.

완벽하게 하라는 것은 아니다. 큰 그림 정도와 원리를 이해하면 '조급함'의 덫은 피할 수 있다. 또한, 결과를 향해 잘 가고 있는지 '확신'을 선물로 받을 수 있다. 바로 이러한 큰 그림의 기초 위에 아이는 내면의 '도덕성'으로부터 '사회성'을 하나씩 익혀가는 것이다.

'양심' 있는 아이는 진정한 '민주시민'으로 성장한다

교실에서 뛰면 혼난다는 생각에 눈치를 보는 것은 가장 낮은 단계의 도덕성인 '처벌회피' 단계이다. 교실에서 뛰는 자신의 행위가 다른 사람에게 불편함을 줄 수 있다는 생각에 스스로 조심하는 아이는 배려의 단계까지 올라선 상태이다. 그런데 어느 날 그 아이가 교실과 복도를 뛰어간다. 다른 사람이 보는 것을 신경도 쓰지 않는 듯이 뛴다. 다시 도덕성이 붕괴한 것일까.

'친구 영철이가 다쳤다. 이것이 모든 것을 우선한다. 빨리 교무실에 알려야 한다.'

이 아이는 도덕발달의 단계로 보자면 가장 높은 수준에 이른 것이다. '양심'과 대화하는 아이이다. 그런데 그 양심의 소리에 귀를 기울이는 삶의 태도가 그저 '자신의 세계'에 갇혀버리는 인생으로 인도하지 않는다. 매우 건강한 사회구성원으로서의 '질서'로 성장하게 돕는 것이다.

우리 몸이 성장하듯이 도덕성도 성장한다. 그런데 도덕성은 우리 몸

혼나기 싫어	'선생님께 혼나면 안 되니까, 실내에서 뛰지 말아야겠다.'
보상받고 싶어	'실내에서 뛰지 않으면 스티커를 받을 수 있으니까 뛰지 말아야지.'
인정받고 싶어	'실내에서 조용히 걸어다니면 선생님께서 나를 착한 학생이라고 좋아해 주시겠지?'
규칙 지켜야 돼	'실내에서 뛰지 않는 건 우리가 지켜야 할 당연한 규칙이야.'
타인 배려해야 해	'내가 실내에서 뛰면 다른 친구들에게 방해가 되겠지? 그리고 부딪히기라도 하면 사고가 날지 몰라.'
사람, 생명 소중해	'실내에서 뛰지 않는 게 당연해. 하지만 내 친구의 생명이 위독하니 친구를 위해 뛰어가서 친구를 살리겠어.'

처럼 자연스럽게 두면 크는 게 아니다. 몸이 성장하듯이, 도덕성이 성숙해지려면 노력이 필요하다.

이쯤에서 나는 도덕성교육에 대해 한 가지 선언을 하고 싶다. 도덕성을 그냥 도덕성을 표현하지 않고, '사회도덕성'으로 표현하고 싶다. 이러한 사회도덕성의 결과 이미지는 '민주시민성'이라고 외치고 싶다. 도덕성의 본질은 사회성과 동행하는 것이다. 사회도덕성을 어떤 순서로 키워줄까.

네 가지를 제안한다. 양심, 도덕, 예절, 준법정신 정도면 어떨까. 붉은 신호등 앞에 서는 것은 준법정신이지만, 아픈 사람을 돕기 위해 빨리 차를 몰아야 할 상황이기에 신호를 어기고 달리는 것은 도덕과 양심의 차원이다.

사회도덕성의 성장단계

양심 : 어떤 행위에 대하여 옳고 그름, 선과 악을 구별하는 도덕적 의식이나 마음씨

도덕 : 인간이 지켜야 할 도리나 바람직한 행동 규범

예절 : 사회생활이나 사람 사이의 관계에서 존경의 뜻을 표하기 위한 예의와 절차

준법정신 : 법을 바르게 잘 지키는 정신

이렇게 성장한 사회도덕성은 이제 '민주시민성'으로 성장할 수 있는 기틀을 잡은 것이다. 민주시민성은 인간으로서의 '존엄'에서 시작하여, 타인에 대한 '존중'을 지나 세상에 대한 '관심'으로 발전한다. 나선형 방식에 따라 성장한다면 관심을 지나 건강한 '비판'으로 가게 되고, 가장 마지막 단계에서는 '참여'하는 민주시민이 되는 것이다.

이를 발전단계의 순서로 배치하고 각각의 필요성 도덕성 항목을 정리해 보았다. 단어 자체가 뜻을 품고 있기에, 각각의 의미를 붙이지는 않았다. 지하철 철로에 장애인들이 '이동권'을 요구하며 시위하는 모습을 보았을 때, 짜증이 날 수도 있고 짜증을 내는 것은 자유이지만, 한편으로는 장애인들의 관점에서 그들의 존엄과 권리를 생각해본다. 그러고 보니, 그들의 시위와 행동이 존중되기 시작한다. 이후 장애인들의

여러 불편함과 부당함에 관해 관심을 가지기 시작했고, 그런 장애인들을 충분히 배려하지 않는 사회제도와 인식을 비판하게 되었다. 그리고 궁극적으로는 여러 사회캠페인에 참여하여 장애인들의 삶을 개선하는 일에 지속해서 지지 의사를 보탠다. 이것이 민주시민성이다. 보통 초등고학년부터 이러한 비판의식과 사회의식을 배우기 시작한다.

민주시민성의 성장단계

존엄 : 권리의식, 정의, 자유와 존중

존중 : 관용, 협동, 다양성, 인간 보편 가치에 대한 존중

관심 : 사회에 대한 관심, 국가를 향한 애국심, 세계시민을 위한 인류애

비판 : 비판의식

참여 : 책임감, 사회참여, 봉사

아버지와 자녀가 함께 신문을 읽고 대화하는 것을 권한다. 함께 기부하고, 지역 캠페인에 참여하기를 요청한다. 중요한 이슈에 대해 아이의 수준에서 함께 토론하기를 부탁한다. 이것이 바로 세상에 인재를 배출하는 아버지들의 노력이다.

방송에 자주 나오는 유명인이 있다. 여러 국가의 언어를 섭렵한 분이다. 나름 공부 좀 한다는 축에 끼어 성장해왔다. 인터뷰 중에 그는 자신의 친구이야기를 꺼냈다. 자신이 엄청 노력하는 것에 반해, 그 친구는 딱히 노력하는 것 같지가 않다. 그런데 특히나 어려운 에세이, 토론, 논술 등의 영역에서 그 친구는 늘 압도적인 성과를 낸다. 너무 억울하기도 해서 따져 물었다고 한다. "도대체 공부를 어떻게 하느냐?"

답변이 놀라웠다고 한다.

“아무리 어려운 논술 문제를 만나도, 어릴 때부터 줄곧 아버지와 밥상에서 토론했던 수준보다 어려운 것을 본 적이 없어.”

특별한 권면을 해보고 싶다. 시기별 인재상을 세워보면 어떨까. 지금까지 이 책을 통해 함께 나눴던 인성의 언어들을 잘 모아서, 시기별로 내 아이의 인재상을 구분하고 그 인성과 함께 성장해가면 어떨까. 단 하나의 인재상을 액자에 넣자고 시작한 책이지만, 글을 쓰면 쓸수록, 그리고 읽으면 읽을수록 빛나는 인성 가치들이 너무 많았다. 그리고 이 가치들이 서로 연결되고 합쳐지고 융합되면서 ‘개념 있는 아이’를 만들어간다는 것을 다시금 느끼게 되었다.

아이에게 맞춰 방향과 속도를 줄이다

나는 우리 아이들이 태어나고 양육이 시작되면서 이런 모든 꿈을 이미 꾸었다. 언어발달, 사회성 발달, 도덕성 발달, 인지발달, 행동발달 등의 구성에 따라 아버지 역할을 고민하며 나름의 목표를 세웠다. 그야말로 내가 꿈꾸는 세상을 설계하였다. 그리고 자녀를 나의 세상에 편입시켰다. 자녀를 빛나는 보석으로 만들고 싶었다. 하지만 그 꿈은 오래 지나지 않아 겸손하게 포기가 되었다.

아이는 내가 꿈꾸는 세상의 부속품이 아니었다. 나와 성향이 다르고, 방식이 달랐다. 그래서 아이가 행복한 방식에 따라 방향과 속도, 방법과 과정을 내가 맞췄다. 새로운 변수가 언제나 튀어나오는 것을 이해하였고, 그때그때 사건이 터지면 수습도 하면서, 오히려 내가 깎여 나갔다. 아이의 도덕성보다는 나의 도덕성에 더 큰 고민이 되었고, 아이는 그런 아버지의 평생학습을 더욱 자극하고 모니터링하는 존재가 되었다. 그러는 사이 아버지인 내가 성장하였던 것 같다.

"아버지, 왜 일관성이 없어요? 어떤 때는 신호를 지키고, 또 어떤 때는 안 지키고."

진심으로 부끄럽다. 사실이다. 최선을 다하지만 쉽지가 않다. 나름의 원칙이 있지만, 그것을 지키지 못할 상황을 일일이 설명하기가 어려웠다. 아이들 앞에서만큼은 세상의 질서를 잘 지키는 아버지의 모습을 보여주고 싶지만, 때로 상황이 그렇지 않을 때가 많다.

자녀는 아버지 자신을 보는 거울이다. 아버지는 자녀를 통해 성장한다. 완벽해지려고 하기보다는 자녀와 함께 성장해간다는 겸손한 마음이면 족하다. 아이의 성장에 대한 큰 그림과 인재상에 대한 확신이 있다면, 무엇보다 그것을 아버지 자신에게 적용하는 것에 더 큰 에너지를 사용해야 한다. 가정의 인재상은 시각화로 충분하고, 일일이 그것을 교육하거나 규율을 강화하는 것은 오히려 부작용을 만들 수 있다.

나는 이것을 의도하였다. 가장 멋지고 아름다우며 완벽함에 가까운 아버지상을 그렸다. 인재상이라는 가정의 기초를 다시 세우는 '깃발 든 아버지'의 모습을 상상했다. 그리고 그것을 위해 글을 썼다. 그런데 그 마지막은 오히려 '바짝 엎드리라'는 것을 강조하고 있다. 이것이 답이기 때문이다. 설계도는 완벽하지만, 그 설계도를 가족에게 모두 공개하지는 말자. 많은 것을 사용하고 싶어 마음이 급하겠지만, 그냥 한 가지 인재상을 겸손하게 제안해보자. 그래서 반응이 좋으면 조금씩 아주 조금씩 꺼내보자. 무엇보다 아이의 눈빛을 보며, 진심이 통하는지 확인하자. 그러면 시간이 지나가면서 점차 아이에게서 보일 것이다. 아버지가 꿈꿨던 완벽한 아이의 모습이 아니라, 건강하게 변해가고 있는 아버지 자신의 모습이 아이에게서 보일 것이다. 이것이 내가 바라는 '결과이미지'이다.

 이제야 나는 아버지가 되었다

나는 강의하는 사람이다. 진로나 학습에 대해 주로 강의하고, 학교를 컨설팅해주는 게 주요 업무이다. 그리고 나머지는 대부분 인문학이나 인성에 대한 강의로 채운다. 어디서나 즐겁게 강의를 하지만, 유독 조심스럽게 위축되는 강의가 있다. 바로 내 가족을 아는 사람들이 모인 집단에서 하는 강의이다. 아무리 멋진 강연을 한다 해도, 강의 주제가 '자녀교육'이면 나의 자녀들의 모습이나 우리 가정이 청중들의 머리에 떠오르기 때문이다. 거짓말을 할 수 없다. 그래서 무섭다.

어떨 땐 내가 실제로 집에서 하지 않는 내용을 강의할 수도 없다. 행여, 아이들이 행복하지 않은 모습을 보인다면, 나는 청중 앞에서 거짓말을 하는 것이다. 그래서 늘 조심한다. 강연에서 거짓말을 하지 않으려고 조심한다는 게 아니다. 가정이 곧 가장 치열한 강의 장소임을 깨닫고 바로 그곳에서 '성공방정식'이 아니라 '성장방정식'과 '행복방정식'을 적용하려 애쓴다는 것이다.

언제부터 이런 변화가 시작되었을까. 일밖에 모르고, 열심히 달려 목표를 이루어야 한다는 일념으로 살던 내가, 언제 어떤 계기로 이렇게 바뀌었을까. 10년, 아니 조금 더 이전이었던 것 같다. 그저 달리기만 하던 나에게 아내로부터 메일이 하나 왔었다. 그 메일을 보고, 나는 적잖은 충격을 받았었다. 기억으로는 며칠이 넘게 말을 못했던 것 같다. 그때부터 나는 조금씩 변화를 갈망했다. 단번에 바뀔 수는 없더라도 조금씩 아주 조금씩 변화를 시작했다. 어렵게 기억을 더듬어 메일의 내용을 떠올려 보았다.

아름다운 숲길이 있습니다.

그 숲길을 한 남자가 걸어가고 있습니다.

그 남자는 숲길 끝을 바라보며 바삐 가고 있습니다.

그 뒤에 한 여자와 아이가 걷고 있습니다.

여자와 아이는 걸음이 느립니다.

원래 느리기도 하지만

진짜 이유는 다른 것입니다.

숲의 나무와 풀, 꽃이 너무 예뻐서 보고 싶었기 때문입니다.

그런데 행복하지는 않습니다.

그 예쁜 숲을 앞에 가는 남자와 함께 보기를 원했습니다.

…….

그럼에도 남자를 불러 세우지 않으려 합니다.

오히려, 여자와 아이는

조금씩 발걸음을 재촉합니다.

남자가 뒤를 돌아보느라

가고자 하는 길을 원대로 못 갈까 봐

…….

이해하려고 애쓰고,

노력해 볼게요.

너무 아프고 괴로워 눈물이 멈추지 않았었다. 가족을 위해서 달렸는데, 그 달리기가 썩 괜찮은 성적도 아니고, 가족이 나 때문에 아파할 수도 있다는 생각에… 도대체 '나는 무엇을 하고 있는 것인가'라는 자괴감이 들었다.

그 후 아내는 지금까지도 흐트러짐이 없다. 세 아이를 키우고 일을 하며 함께 지금까지 살아왔다. 이후 나는 변하려고 애쓰고, 노력하고 마음을 썼지만… 정말 미안하게도 나는 이제야 아버지가 되었다. 그리고 이제부터 진짜 아버지로 살고 싶다. 아내는 여전히 그 걸음으로 나와 함께 숲길을 걷고 있다.

혹시 늦었다는 생각이 드는 아버지가 있다면

이 시대 우리 아버지들은 이미 늦었다는 탄식을 하는 이도 있을 것이다. 태담, 영유아 시기 아버지와의 애착, 아버지를 통한 어휘력의 성장, 아버지와의 관계에서 터득한 사회성의 기초, 힘의 한계와 경계 그리고 모험까지 모두 이미 지나간 시기이다. 그래서 아버지에게 자녀교육은 불가능의 영역이라고 절망하기 쉽다. 그러나 다시 시작해야 한다고 말하고 싶다. 현재부터 기초를 다시 세워야 한다. 만약 그렇지 않으면 이후 더 큰 대가를 치르게 된다.

만약 가족을 위해 할 수 있는 유일한 일은 '돈을 벌어다 주는 것'이라고 확신하고 더 달린다고 가정하자. 그 과정에서 몇 가지는 눈물을 머금고 포기한다. 아내와의 일상, 자녀와의 대화, 아버지 자신의 건강과 미래 등을 잠시 접어둔다. 그렇게 자녀의 성장기를 오롯이 워크홀릭으로 달린다.

그러던 어느 날 덜커덕 한계에 부딪힌다. 아내로부터, 자녀로부터, 그리고 자신의 건강으로부터 적신호가 켜진다. 그제야 마음을 돌이키고, 잃어버린 것들을 회복하려 한다. 돈을 벌기 위해 내려놓았던 '관계, 대화, 건강'을 회복하기 위해 번 돈을 모두 사용할 의지가 있다. 아이러니하다. 중요한 것을 포기하고, 돈을 벌었는데 그렇게 번 돈을 다 사용하려 하여도 관계와 대화, 건강이 돌아오지 않는다. 억울하다. 인생이 허무하다. 이러려고 그랬던 게 아니었다. 원망스럽다. 누구 하나 자신에게 이런 결말을 얘기해주지 않은 것에 화가 나고, 자신의 진심을 몰라

주는 사람들에 실망스럽다.

비슷한 마음으로 절망한 한 남자가 있었다. 『폰더 씨의 위대한 하루』에서 데이비드 폰더는 인생의 절벽에 이르러, 트루먼 대통령과 대화를 나눈다.

> "당신은 자신의 미래는 자신이 결정하는 데 달려 있다고 말씀하셨습니다. 저는 그 말씀에 전적으로 동의할 수 없습니다. 저의 현재는 어느 모로 보나 제가 만든 게 아닙니다. 저는 지난 여러 해 동안 열심히 일해 왔지만 결국 직장도 없고, 돈도 없고, 전망도 없는, 그야말로 아무것도 없는 신세가 되고 말았습니다."
>
> "데이비드, 우리는 모두 우리가 선택한 상황 속에 있는 걸세. 우리의 생각이 성공과 실패의 길을 결정하는 거야. 우리는 현재에 대한 책임을 회피함으로써 엄청나게 멋진 미래의 전망을 없애버리고 있는 거야."
>
> "무슨 말씀인지…."
>
> "내 말은, 자네가 오늘날 심리적으로, 육체적으로, 정신적으로, 경제적으로 이렇게 된 것은 절대 외부의 영향 때문이 아니라는 거야. 자네 자신이 현재 상황에 이르는 길을 선택했다는 거지. 자네의 상황에 대한 책임은 결국 자네가 져야 하는 거야." 데이비드는 벌떡 일어섰다.
>
> "그건 그렇지 않습니다." 그는 화난 목소리로 소리쳤다.
>
> "저는 회사에서 지금껏 열심히 일했습니다. 조기 명예퇴직을 할 수도 있었는데 회사 생각을 해서 계속 회사에 남았습니다. 어떻게든 회사를 살려야겠다는 생각으로 물불 가리지 않고 열심 일했습니다. 그런데도 저는 해고를 당했습니다. 그건 절대로 저의 잘못이 아니었습니다."

"데이비드, 흥분을 가라앉히고 이렇게 한번 생각해봐. 난 자네를 화나게 만들고 싶은 생각은 전혀 없어. 하지만 우리가 함께 있을 수 있는 시간이 얼마 남아 있지 않기 때문에 지금부터는 빙빙 돌려서 말하지 않겠네." 트루먼은 매우 중요한 말을 진지한 어조로 이어갔다.

"자, 이제 내 말을 잘 듣게. 자네가 오늘날 그 상황에 내몰린 것은 자네의 사고방식 때문이야.

자네의 생각이 자네의 결정을 좌우하지. 모든 결정은 자신의 선택이야.

여러 해 전 자네는 대학에 가야겠다고 선택했어. 또 전공할 과목도 선택했지. 대학을 졸업한 뒤에는 이런저런 회사에 이력서를 보내야겠다고 자신이 선택했어. 그중 한 회사에서 일을 해야겠다고 선택한 것도 자네야. 그렇게 취직을 하기 위해 돌아다니는 동안, 자네는 파티에도 참석했고, 영화구경을 하기도 했고, 스포츠 활동을 하기도 했어. 이런 모든 활동은 따지고 보면 자네가 선택한 것이지. 그런 와중에 사랑하는 여자도 만나고, 또 그 여자와 결혼해야겠다고 선택했어. 그 여자와 자네는 결혼해서 아이를 낳고 가족을 이루겠다고 선택했어. 자네가 살고 있는 집이나 자네가 몰고 다니는 차도 자네가 선택한 거야. 스테이크를 먹을 건지 핫도그를 먹을 건지 선택함으로써 자네는 가계비용을 스스로 선택했어. 조기퇴직을 받아들이지 않은 것도 자네의 선택이었지. 자네는 회사가 쓰러지는 한이 있더라도 끝까지 남겠다고 선택했던 거야. 아주 오래전부터 자네는 수많은 선택을 했고, 그것이 모여서 오늘날의 자네를 만들어낸 거야."

내용의 핵심은 '다 너 때문이다. 네가 책임지는 거야'가 아니다. '이제부터 용기 있게 선택하자'이다. 늦었다고 생각하는 바로 그때 선택하면 절대 늦은 것이 아니다. 그리고 일단 선택을 하게 되면, 그 선택을 후회하지 않기 위해 우리는 더 노력할 것이다. 결과적으로 그 선택이 만들어낸 결과를 머지않아 확인하게 된다.

우리는 이제 100세를 살게 될 것이다. 지금 가장 위대한 것, 가장 행복한 것, 그리고 '이것은 정말 아니야'라고 생각하는 것 등에 용기 있는 결정을 내리자. 무엇보다도 가장 소중한 것을 선택하자. 다른 모든 것이 다 이루어져도 이것 한 가지를 잃는다면 그 모든 것이 다 소용없는 그 무엇을 회복해야 한다.

그것이 바로 '가정'이다. 그리고 그 가정을 바라보며, 우리가 나이를 먹어가면 갈수록 자녀의 행복이 곧 우리의 행복이 될 것이다. 본질적인 힘을 심어주고, 스스로 살아갈 힘을 심어주는 것이 바로 가족이 행복해지는 방법임을 강조하고 또 강조하고 진심을 담아 또 강조하였다.

"나랑 같이 놀 사람, 여기 붙어라!" 어린 시절, 동네에서 친구들을 향해 엄지손가락을 치켜들고 이렇게 외치면 친구들이 달려들어 그 엄지손가락을 잡고, 다시 자신의 엄지손가락을 치켜들었다. 이렇게 여러 엄지손가락이 보이면 "뭐 하고 놀까", "다방구", "얼음땡" 등을 소리쳤다. 나는 아버지들에게 지금 동일한 외침을 하고 있다. "인재상을 통한 인성교육에 함께 동참하자"고 말하고 있다. 확신한다. 철학이 같은 아버지들이 분명 있을 거라 믿는다. 그래서 오늘도 '마음의 힘'을 말하고 있을 여기저기 아버지들이 일어날 것이라 기대한다.

파더라이즈 : Fatherise

= 아버지가 다시 일어서다. 아버지됨을 회복되다.